土木结构设计原理与工程项目管理

张文倩　苗美荣　郑馨泽◎著

吉林科学技术出版社

图书在版编目（CIP）数据

土木结构设计原理与工程项目管理/张文倩,苗美荣,郑馨泽著.--长春:吉林科学技术出版社,2022.9

ISBN978-7-5578-9649-2

Ⅰ.①土… Ⅱ.①张…②苗…③郑… Ⅲ.①土木结构一结构设计②土木工程一工程项目管理Ⅳ.①TU311②TU71

中国版本图书馆 CIP 数据核字(2022)第 181155 号

土木结构设计原理与工程项目管理

著　张文倩　苗美荣　郑馨泽
出 版 人　宛　霞
责任编辑　张伟泽
封面设计　金熙腾达
制　　版　金熙腾达
幅面尺寸　185mm×260mm
开　　本　16
字　　数　260 千字
印　　张　11.5
版　　次　2022 年 9 月第 1 版
印　　次　2023 年 3 月第 1 次印刷

出　　版　吉林科学技术出版社
发　　行　吉林科学技术出版社
地　　址　长春市净月区福祉大路 5788 号
邮　　编　130118
发行部电话/传真　0431-81629529　81629530　81629531
81629532　81629533　81629534
储运部电话　0431-86059116
编辑部电话　0431-81629518
印　　刷　三河市嵩川印刷有限公司

书　　号　ISBN 978-7-5578-9649-2
定　　价　70.00 元

前 言

土木工程施工学科涉及面广，综合性、实践性强，其发展日新月异。其主要任务是研究土木工程施工技术与施工组织的一般规律，内容包括土木工程中主要工种工程施工方法和工艺原理、施工项目组织原理，以及土木工程施工中的新技术、新材料、新工艺的发展和应用。土木工程施工课程在培养学生独立分析和解决土木工程施工中有关施工技术和组织计划问题的基本能力方面起着重要作用。

土木工程是人类赖以生存的重要物质基础，其在为人类文明发展做出巨大贡献的同时，也在大量地消耗资源和能源，可持续的土木工程结构是实现人类社会可持续发展的重要途径之一。随着我国具有国际水平的超级工程结构的建设不断增多，施工控制及施工力学将不断走向成熟，并将不断应用到工程建设之中，为工程建设服务。本书从土木工程的基础工程出发，详细介绍施工各个环节的主要内容，结合土木工程项目管理中的进度、质量、成本等环节做主要阐述。本书的编写力求内容精练、体系完整，理论与实践紧密结合，取材上力图反映当前土木工程施工的新技术、新工艺、新材料，以拓宽专业知识面和相关学科的综合应用能力为目标，使之适应社会发展需要。

由于土木工程施工技术和管理的发展日新月异，限于编者的水平，书中可能存在不足之处，诚挚地希望读者提出宝贵意见。

编者

2022 年 6 月

目 录

第一章　土方工程

第一节　土方工程的基础认知

一、土方工程施工流程

土方工程是土木工程的重要组成部分。土木工程施工是从基础施工开始的，基础施工通常是从土方或基础工程开始的。

土方工程施工应考虑建筑工程的性质、地质条件、周边环境、基础形式的不同，采取有针对性的施工技术措施。

对于没有桩基础及不需要做支护的基坑工程，土方工程施工流程比较简单，主要包括：场地平整→排（降）水→土方开挖→基础工程施工→土方回填。

对于基坑较深或有桩基的建筑工程，土方工程施工流程会受基坑支护、桩基础及地下室等工程施工制约，施工周期较长，施工流程一般为：场地平整→基坑支护或桩基础施工→排水及降水→土方开挖→基础或地下室工程施工（含防水等）→土方回填。

二、土方工程施工特点

土方工程施工比较复杂，受到多种因素影响，其施工特点表现为以下四个方面：

（一）施工条件复杂

土方工程施工一般为露天作业，土方开挖及回填受气候影响较大。施工时要考虑对周边建筑物、道路管网的影响。另外要考虑工程地质及水文地质情况、当地气象条件，在施工过程中可能遇见事先未预料到的情况，需要及时调整施工方法及措施。

（二）施工工期长

不论简单的工程还是复杂的工程，土方开挖及回填之间均须跨越基础工程施工阶段，因此土方工程施工总工期比较长。尤其是有多层地下室的工程，从土方开挖到土方回填可能需要几个月甚至半年以上的时间。

（三）工程量较大

目前，大多数建筑工程充分利用地下空间，地下室的面积及层数越来越多，因此土方工程量随之增大，土方量少则几千立方米，多则几万立方米。

（四）受非技术条件影响较大

大量的土方运输受运输通道的限制，同时城市管理、建设及特殊时期的环境保护要求均会影响土方的开挖及运输。

三、土方工程施工准备

土方工程施工前应详细阅读地质勘察报告，必要时还需要对地下可能有的重要管线、地下障碍物进行详细地现场勘察、测量，做好各项准备工作，主要工作内容如下：

（一）现场勘察

勘察现场，查阅地质资料。在城区施工要查阅工程档案，详细了解拟开挖区域周边建筑物、地下管线分布情况，切不可贸然开挖土方。

（二）场地清理及平整

拆除施工区域的地上、地下障碍物，迁移树木、电线杆等；不能拆除的要做好防护工作；在现场铺设临时道路，为机械设备进场、土方运输等施工作业创造条件。涉及电力、绿化等须迁移的要会同建设单位报批后才可施工。

（三）做好地面排水工作

根据场地情况及施工期间雨水量大小，在地面设置排水沟等排水设施，便于场地内积水及时排走，减小对施工的影响。

（四）编制土方工程施工方案

根据工程规模、基础类型、周边环境等编制土方工程施工方案，用于指导土方工程施工。

方案主要内容包括：基坑支护、施工降水、施工段划分、施工方法、质量控制措施、安全生产文明施工措施、施工进度计划安排、各种资源计划等。

四、土的工程性质

土的工程性质影响土方工程施工方案的制订，以及解决地基处理等工程问题。与土方工程施工有关的几个基本物理量介绍如下：

（一）含水率

土的含水率是指土中水的质量与固体颗粒质量之比，以百分率表示，可按下式计算：

$$\omega=\frac{m_1-m_2}{m_2}\times100\%=\frac{m_w}{m_s}\times100\% \tag{1-1}$$

式中 m_1——含水状态时土的质量（kg）；

m_2——烘干后土的质量（kg）；

m_w——土中水的质量（kg）；

m_s——土中固体颗粒的质量（kg）。

土的含水率随季节、气候条件和地下水的影响而变化，对土方开挖、基坑降水、边坡稳定及土方回填质量都会产生较大影响。

（二）土的密度

土在天然状态下单位体积的质量称为土的天然密度；单位体积中土的固体颗粒的质量称为土的干密度，可分别按下式计算

$$\rho = \frac{m}{V} \tag{1-2}$$

$$\rho_d = \frac{m_s}{V} \tag{1-3}$$

式中 m——土在天然状态时的质量（kg）；

V——土在天然状态时的体积（m^3）。

（三）土的可松性

天然状态下的土经过开挖或扰动后，其体积因松散而增加，虽经回填压实但仍然不能完全恢复到原来的体积，土的这种性质称为土的可松性。

土的可松性用可松性系数表示，分为最初可松性系数（K_s，表示开挖扰动后）和最终可松性系数（K_s'，表示开挖扰动后再次压实），可分别按下式计算：

$$K_n = \frac{V_2}{V_1} \tag{1-4}$$

$$K_s$$

$$K_s' = \frac{V_3}{V_1} \tag{1-5}$$

式中 V_1——土在天然状态下的体积（m^3）；

V_2——土经开挖后的松散体积（m^3）；

V_3——土经回填压实后的体积（m^3）。

由于土方工程量通常是按天然状态下的体积来计算的，而可松性系数的存在导致开挖后外运土方的体积比天然体积增大，从而影响土方开挖及运输机械数量的配备，以及场地平整、土方调配和土方回填工程量的计算。

土的可松性系数往往根据土的类型、构成等因素而有所差异，在确定可松性系数时应根据工程所在地的地质勘察资料及经验数据合理确定。

（四）土的渗透性

土的渗透性是指水流通过土中孔隙的难易程度，可用渗透系数表示。

渗透系数是指水在单位时间内穿透土层的能力，用K表示，单位为m/d或cm/s。

当基坑开挖至地下水位以下时，地下水会不断渗流入基坑。地下水在渗流过程中受到土颗粒的阻力，其大小与土的渗透性及渗流路径的长短有关。通过一维渗流试验可知，单位时间内流过土样的水量Q与水头差ΔH成正比，并与土样的横截面面积A成正比，而与渗流路径长度L成反比，此为著名的达西定律，见式（1–6）

$$Q = K\frac{\Delta H}{L}A = VA = KIA \tag{1–6}$$

式中Q单位时间内流过土样的水量（m^3/d或cm^3/s）；

K——土的渗透系数（m/d或cm/s）；

ΔH——水头差（m或cm）；

A——土样的横截面面积（m^2）；

L——水的渗流路径长度（m或cm）；

I——水力梯度（单位长度渗流路径所消耗的水头差）；

V——渗流速度(单位时间内流过单位横截面面积的水量，$V = KI$)(m/d或cm/s)。

从式（1–6）可看出，土的渗透系数K就是水力梯度I等于1时的渗流速度。土的渗透系数对于土方工程施工过程中的降水、排水影响很大，降水、排水方案必须根据工程土的渗透系数合理确定。土的渗透系数与土的颗粒级配、密实程度等有关，一般由现场试验确定，也可以根据工程所在地各类土的渗透系数经验值确定，但误差较大。

第二节　场地平整

一、场地平整的要求

土木工程施工前应满足“三通一平”（水通、电通、路通，场地平整）的基本条件或“七通一平”（另加通信、燃气、网络、热力）的条件。

场地平整是通过人工或机械挖填平整，将施工范围内的自然地面改造成施工或设计所需要的平面，以利现场平面布置和文明施工。场地平整的一般要求包括以下三个方面：

（一）场地平整应做好地面排水

场地平整的表面坡度应符合设计要求，如设计无要求，一般应向排水沟方向做成不小于 0.2% 的坡度。场地平整应考虑最大雨水量期间，整个施工区域的排水，将办公区、生活区布置在较高点。

（二）平整后的场地表面平整度应符合施工要求

平整后的场地应满足重型施工机械如静压桩机的运输、行走要求，必要时铺设临时道路。

（三）场地平整要注意对测量控制点的保护

平面控制桩和水准控制点应采取可靠措施加以保护，定期复测和检查。

二、场地平整土方工程量计算

（一）场地平整高度的计算

场地平整高度是进行场地平整和土方工程量计算的依据，也是总体规划和竖向设计的依据。合理地确定场地设计标高，对减少土方工程量和加速工程进度均具有重要的意义。当场地平整高度为 H_0 时，挖、填土方工程量基本平衡，可将土方移挖作填；当场地平整高度为 H_1 时，填方大大超过挖方，则需要从场外取土回填；当场地平整高度为 H_2 时，挖方大大超过填方，则需要向场外弃土。因此在确定场地平整高度时，应结合现场的具体条件进行比较，选择最优方案。

一般场地平整高度（设计标高）的选择原则是：在符合生产工艺和运输条件下，尽量利用地形，减少挖方数量；挖方与填方量应尽可能达到互相平衡，以降低土方运输费用；同时应考虑雨季洪水的影响等。

场地平整高度的计算分两个步骤：第一步计算场地设计标高初步值；第二步根据影响因素调整场地设计标高。

1. 计算场地设计标高初步值

场地设计标高计算一般采用方格网法。首先将地形图划分成边长 10 ~ 40m 的方格网，然后确定每个方格网的各角点标高。方格各角点标高一般可根据地形图上相邻两等高线的标高用插值法求得。若无地形图，可在方格网各角点打设木桩，然后用水准仪测出其标高。在施工场地方格网划分好后用白石灰撒上白线做出标记，示意图如图 1–1 所示。

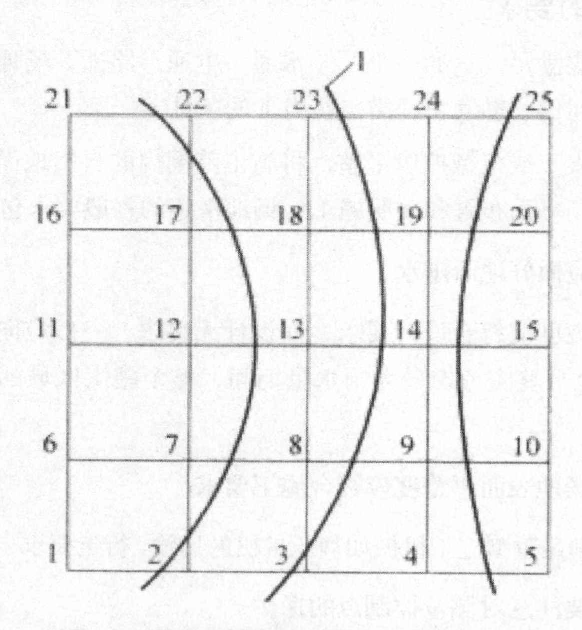

图 1–1　场地方格网划分示意图（1—等高线）

场地设计标高确定的基本原则是场地平整时挖方量和填方量保持平衡，故根据场地各角点的绝对高程确定的场地土方量平整前与平整后保持不变。在计算每个方格网的平均高程时，方格网中存在一些角点仅为一个方格所使用，如图 1–1 中的 1、5、25、21 点。也存在一些角点同时为 2 个或 4 个方格所使用的情况，如图 1–1 中的 2、3、4 等点同时为 2 个方格所使用，7、8、9 等点同时为 4 个方格所使用。当存在不规则形状时也有某些角点为 3 个方格所使用的情况。场地平均标高可按下式计算：

$$H_0 = \frac{\sum H_1 + 2\sum H_2 + 3\sum H_3 + 4\sum H_4}{4N} \tag{1–7}$$

式中 N ——方格网个数；

H_1 ——仅为 1 个方格所有的角点标高（m）；

H_2 ——为 2 个方格共有的角点标高（m）；

H_3 ——为 3 个方格共有的角点标高（m）；

H_4 ——为 4 个方格共有的角点标高（m）。

如果方格网内高程变化不大，也可以在方格网内随机取一点代表本方格网的标高，计算 N 个方格网的平均值即可，使计算简化。

2. 根据影响因素调整场地设计标高

大型土方工程施工过程中，由于存在土的可松性及场地排水需要，所以须对上式计算的理论数值进行调整。一般土木工程施工项目可不做可松性调整。

①考虑土的可松性影响。理论计算是依据土方挖填平衡来计算场地设计标高的，但由于土的可松性使挖出的土方在回填时会有剩余，而剩余的土通常也会全部回填在场地内，导致场地设计标高有所提高。

场地设计标高调整高度可按下式计算：

$$V_{\mathrm{T}} + A_{\mathrm{T}}\Delta h = \left(V_{\mathrm{W}} - A_{\mathrm{W}}\Delta h\right)K_{\mathrm{s}}^{'} \tag{1-8}$$

整理后得

$$\Delta h = \frac{V_{\mathrm{W}}\left(K_{\mathrm{s}}^{'} - 1\right)}{A_{\mathrm{T}} + A_{\mathrm{W}}K_{\mathrm{s}}^{'}} \tag{1-9}$$

式中 V_W ——设计标高调整前的总挖方体积（m^3）；

V_T ——设计标高调整前的总填方体积（m^3），$V_T = V_W$；

A_W ——设计标高调整前的挖方区总面积（m^2）；

A_T ——设计标高调整前的填方区总面积（m^2）；

$K_s^{'}$ ——土的最终可松性系数。

根据式（1-9）计算的调整值是方格网每个角点均须考虑的标高增加值，故场地设计标高值用下式表示：

$$H_0^{'} = H_0 + \Delta h \tag{1-10}$$

②考虑泄水对场地设计标高的影响。由于场地平整过程中须设置一定泄水坡度，利于场地的雨污水及时排出，故场地内任一点实际施工时所采用的设计标高须根据泄水坡度进行调整。

场地采用双向泄水时，场地任意一角点的设计标高可按下式计算：

$$H_n = H_0^{'} \pm L_x i_x \pm L_y i_y \tag{1-11}$$

式中 H_n ——场地任一角点的设计标高（m）；

H_0'——考虑土的可松性影响调整后的场地设计标高，即为场地中心点的标高（m）；

L_x、L_y——计算点沿 x 和 y 方向距场地中心点的距离（m）；

i_x、i_y——场地在 x 和 y 方向的泄水坡度（%）。

场地采用单向泄水时，场地任意一角点的设计标高可按下式计算：

$$H_n = H_0' \pm Li \tag{1-12}$$

（二）场地平整土方工程量计算的几种方法

土方工程量的计算实际上是用数学方法解决工程问题的一种近似计算。可采取的计算方式有以下几种：

1. 近似计算

利用数学近似来计算各种图形的面积、体积问题，规则图形就更为简单，不规则的可划分为规则图形来计算。

2. 查表法

查相关的手册，获取基本图形的面积、体积。

3. 软件作图测量

目前 CAD 图及其他软件中画出图形后，均有面积和体积测量功能，可以直接求出。工程实践中在满足精度要求的条件下，简化的计算方法是比较方便的。

4. 方格网法

当地形较平缓时，土方工程量的计算一般采用方格网法。方格网法计算过程比较复杂，但精度较高。当场地比较狭长时一般采用横断面法，如市政工程。

三、场地平整土方调配

场地平整土方工程量计算完毕后需要进行场地内各方格之间挖、填土方之间的调配计算，并作为施工的依据。土方调配的内容包括确定挖、填土方的调配方向、数量和运距。土方调配合理与否，直接影响场地平整的施工工期和费用。

土方调配的原则有：力求达到挖方与填方基本平衡，总运输量最小，即挖、填土方量与其运距的乘积最小；考虑近期施工与后期利用相结合。

对于大型土石方工程，需要进行土方调配的计算，可以用计算机来进行计算并优化。

第三节　排水与降水

一、排水与降水概述

施工过程中为避免场地内积水而影响施工，一般在地面上基坑四周设排水沟，防止地面水流入基坑。在没有采用井点降水的基坑里也可设排水沟，使周围的积水汇聚到排水沟后，经过沉淀处理再排至市政管网中。排水沟的横断面一般不小于 500mm × 500mm，纵向坡度一般为 2‰ ~ 3‰。

当地下建筑物或基础位于地下水位以下时，为了保证施工的干作业，需要采取降水措施把施工区域的水位降低。降低地下水位的方法有重力降水法和强制降水法。其中，重力降水法是通过集水坑进行降水；强制降水法包括轻型井点、管井井点、深井井点、电渗井点等降水方法。集水坑降水法和轻型井点降水法采用较普遍。

二、集水坑降水法

（一）集水坑降水法的含义

集水坑降水法是在基坑开挖过程中，在基坑底基础范围以外设置若干个集水坑，并在基坑底四周或中央开挖排水沟，使水在重力作用下经排水沟流入集水坑内，然后用水泵抽走的方法，如图 1–2 所示。

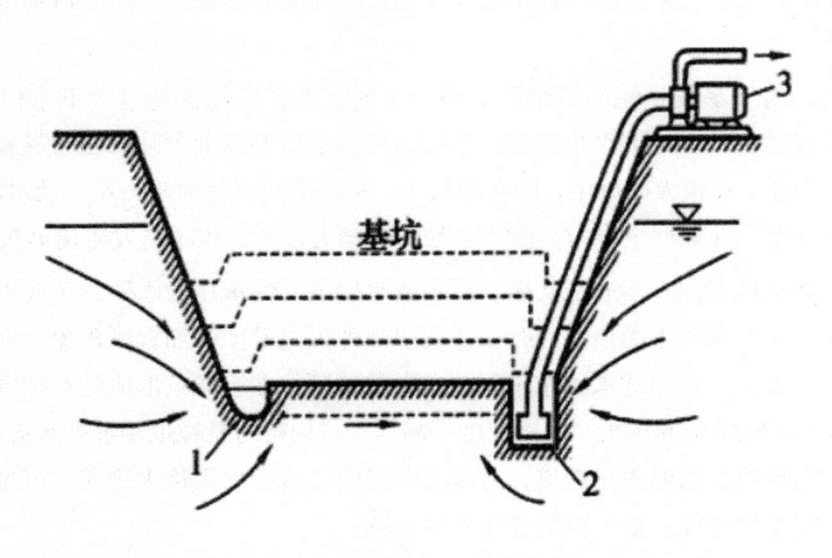

图 1–2　集水坑降水法示意图

1– 排水沟　2– 集水坑　3– 水泵

（二）集水坑的设置

集水坑应设置在基础范围以外，一般沿基坑四周设置，优先在基坑四个角设置。集水坑的间距根据地下水量大小、基坑平面形状及水泵的抽水能力等确定。一般每隔20 ~ 40m设置一个。直径或宽度一般为0.6 ~ 0.8m。其深度随着挖土深度逐渐加深，并应经常低于挖土面0.7 ~ 1.0m。当基坑挖至设计标高后，集水坑底应低于基坑底面1.0 ~ 2.0m，坑底铺设碎石滤水层（不小于0.3m）或砾石与粗砂层，以免抽水时将泥砂抽出，坑底土被扰动。

（三）集水坑降水法的适用条件

集水坑降水法适用于降水深度不大、水流较大的粗粒土层的降水，也可用于渗水量较小的黏性土层。不适宜于细砂土和粉砂土层（该土层易发生流砂现象）降水。

（四）流砂产生原因及防治方法

1. 流砂的概念

当基坑（槽）挖土到地下水位以下，而土质又是细砂或粉砂时，因水压力产生水流动，则基坑（槽）底下面的土会形成流动状态，并随地下水涌入基坑，这种现象称为流砂。

2. 流砂产生的原因

水在土中渗流对土体产生动水压力G_D，其方向与水流方向一致。当水流方向向下时动水压力向下，与土的重力方向一致，土体趋于稳定。当抽水水流方向向上时动水压力向上，这时土颗粒不但受到水的浮力作用，还受到向上的动水压力作用，当动水压力大于或等于土的浸水容重时，土粒失去自重而处于悬浮状态，土将随着渗流的水一起流动进入基坑，发生流砂现象。

实践表明，对于易发生流砂的细砂、粉砂土质，若基坑挖深超过地下水位线0.5m，就有可能发生流砂现象。地下水位越高，基坑内外的水位差越大，动水压力就越大，就越容易发生流砂现象。在粗大砂砾中，因孔隙较大，水在期间流过时阻力小，动水压力也小，不易出现流砂现象。在黏性土中时，由于土粒间黏结力较大，也不易发生流砂现象。

此外，当基坑坑底位于不透水层内，而不透水层下面为承压含水层，坑底不透水层的覆盖厚度的重力小于承压水的顶托力时，基坑底部即可能发生管涌冒砂现象。另一种与流砂相近的现象是管涌，在渗透水流作用下，土中的细颗粒在粗颗粒形成的孔隙中移动，逐渐流失；随着土的孔隙不断扩大，渗透速度不断增加，较粗的颗粒也相继被水流逐渐带走，最终导致土体内形成贯通的渗流管道，造成土体塌陷，这种现象称为管涌。可见，管涌破坏一般有个时间发展过程，是一种渐进性质的破坏。

发生流砂现象时，土完全丧失承载力，边挖边冒，基坑难以挖到设计深度，严重时会引起基坑边坡塌方，如果附近有建筑物，会因地基被掏空而使建筑物下沉、倾斜甚至倒塌。

3. 流砂的防治

流砂现象对土方施工和附近建筑物的危害很大，在施工过程中应尽量避免发生流砂现象。

防治流砂的原则是“治流砂必先治水”。防治的主要途径是消除、减小或平衡动水压力，截断地下水流等。具体措施有：

①枯水期施工。枯水期地下水位较低，基坑内外水位差小，使最高地下水位不高于坑底 0.5m，则动水压力不大，就不易产生流砂。

②水下挖土。即不抽水或减少抽水，保持坑内水压与地下水压基本平衡，流砂无从发生。

③抢挖并抛大体积石块。采取分段抢挖施工，使挖土速度超过冒砂速度，挖至设计标高后抛大石块压住流砂，平衡动水压力。此法可解决局部或轻微的流砂，如果坑底冒砂较快，土已丧失承载能力，该方法无法阻止流砂现象。

④人工降低地下水位。采用井点降水法使地下水位降低至基坑底面以下，地下水的渗流向下改变水流方向，则动水压力的方向也向下，增大了土颗粒间的压力，从而有效防止流砂发生。

⑤设止水帷幕。在基坑周边设置地下连续墙、深层搅拌桩、钢板桩等连续的止水支护结构，或采用冻结法，形成封闭的止水帷幕，使地下水只能从支护结构下端向基坑渗流，增加水的渗流路径，减小水力梯度，从而减小动水压力，防止流砂产生。

三、井点降水法

井点降水法即人工降低地下水位法，是指在基坑开挖前，在基坑四周预先埋设一定数量的滤水管（井），在基坑开挖前和开挖过程中，利用抽水设备不断抽出地下水，使地下水位降到坑底以下并稳定后才开挖基坑，直至土方和基础工程施工结束为止。

井点降水法可分为轻型井点、喷射井点、电渗井点、管井井点、深井井点等。

（一）轻型井点降水

沿基坑周围或一侧每隔一定间距将井点管（下端为滤管）埋入含水层内，井点管上部通过弯联管与总管连接，利用抽水设备将地下水从井点管内不断抽出，使原有地下水位降至坑底面以下。

（二）喷射井点降水

喷射井管由内管和外管组成，在内管下端装设特制的喷射器与滤管相连，用高压水泵或空气压缩机通过井点管中的内管向喷射器输入高压水（喷水井点）或压缩空气（喷气井点）形成水气射流，将地下水经井点外管与内管之间的环形空间抽出排走。

（三）电渗井点降水

利用井点管（轻型或喷射井点管）本身做阴极，沿基坑外围布置，以钢管（$\phi50 \sim \phi75$mm）

或钢筋（ϕ25mm以上）做阳极，垂直埋设在井点内侧，阴阳极分别用电线连接成通路，并对阳极施加强直流电电流。应用电压比降使带负电的土粒向阳极移动（即电泳作用），带正电荷的孔隙水则向阴极方向集中产生电渗现象。在电渗与真空的双重作用下，强制黏土中的水在井点管附近积聚，由井点管快速排出，使井点管连续抽水，地下水位逐渐降低。而电极间的土层则形成电帷幕，由于电场作用从而阻止地下水从四面流入坑内。

（四）管井井点降水

沿基坑每隔一定距离设置一个管井，每个管井单独用一台水泵不间断抽水，从而降低地下水位。

（五）深井井点降水

在深基坑的周围埋置深于基底的管井，使地下水通过设置在管井内的潜水泵将地下水抽出，地下水位低于坑底。轻型井点及管井井点（包括深井井点）是施工中常用的降水方法。

四、降水对周边环境的影响和防治措施

（一）降水对邻近建筑物的影响

当在弱透水层和压缩性大的黏土层中降水时，由于地下水流失造成地下水位下降、地基自重应力增加、土层压缩和土粒随水流失甚至被掏空等原因，会产生较大的地面沉降。又由于土层的不均匀性和降水后地下水位呈漏斗曲线，四周土层的自重应力变化不一致而导致不均匀沉降，使周围建筑物下沉、开裂、倾斜或倒塌。

（二）降水对邻近道路、市政管网的影响

同样的原因，抽水过急、抽水量过大会引起周围邻近道路开裂、下沉，导致市政管网如消防水管、供水管、煤气管线、光纤等断裂，会造成严重后果。

（三）降水时防止邻近建筑物受影响的措施

在基坑降水开挖中，为防止影响或损害降水影响范围内的建筑物，可采取下列措施：

1. 减缓降水速度

具体做法是加长井点，减缓降水速度，加大砂滤层厚度，勿使土粒带出，防止在抽水过程中带出土粒。

2. 设止水帷幕

设止水帷幕是常用的有效的一种方法。在基坑周围与邻近建筑物之间设一道封闭的止水帷幕，使基坑外地下水的渗流路径延长，以保持水位。止水帷幕的设置，可结合挡土支护结构设置或单独设置。

3. 回灌井法

回灌井法是传统的一种施工方法，即在降水井点和要保护的建筑物之间打设一排井点，在降水井点抽水的同时，通过回灌井点向土层内灌入一定数量的水形成一道隔水帷幕，从而阻止或减少回灌井点外侧被保护的建筑（构筑）物的地下水损失，使建筑物下基本保持原有地下水位，以求邻近建筑物的沉降最小。回灌井是防止井点降水损害周围建筑物的一种经济、简便、有效的方法，它能将井点降水对周围建筑物的影响减少到最低。为确保基坑施工的安全和回灌的效果，回灌井点与降水井点之间应保持一定距离，一般不宜小于6m，降水与回灌应同步进行。

第四节　土方开挖、回填与基坑支护

一、土方开挖

（一）土方开挖方式

土方开挖方式包括人工挖土和机械挖土两类。机械挖土效率高、工期短、成本低，是目前土方开挖采用的主要方式。人工挖土生产率低、劳动繁重，一般用于坑底200 ~ 300mm范围内为防止机械扰动原土，采取人工清土，或者用于基础边角等机械不便操作的位置的土方开挖。

（二）边坡失稳

土方边坡的稳定主要是依靠土体内土颗粒间存在的摩擦力和黏结力使土体具有一定的抗剪强度。若土体失稳，则会沿着滑动面整体滑动（滑坡）。为保证边坡稳定，应使土的下滑力小于土颗粒间的摩擦力和黏结力之和。黏性土既有摩擦力又有黏结力，土的抗剪强度较高，土体不易失稳。砂性土只有摩擦力而无黏结力，抗剪强度较差。

土方开挖过程中由于基础层内土质分布情况发生变化及外界因素影响，造成土体内的抗剪强度降低或剪应力增加，使土体中的剪应力超过其抗剪强度而引起边坡失稳。边坡失稳的常见情形有：

1. 边坡过陡，土体稳定性不够。

2. 雨水、地下水渗入坑壁，土体泡软、重力增大及抗剪能力降低造成塌方。

3. 基坑上边缘附近大量堆土、放置料具或有动荷载作用，使土体中的剪应力超过土体抗剪强度。

4. 土方开挖顺序、方法不当，未遵守“分层、分段开挖，先撑后挖”的原则。

（三）土方开挖施工注意要点

1. 做好施工准备工作

土方开挖前，应编制详细的土方开挖方案，危险性较大的基坑工程应制订应急方案和措施。

土方开挖前通过查阅档案、现场调查和人工勘探的方法了解地下管线和设施分布情况。

开挖过程中做好地下设施的保护工作。如发现文物或古墓，应立即妥善保护并及时报告当地有关部门，待妥善处理后方可继续施工。

2. 分层、分段开挖，严禁超挖

土方开挖时应根据基础平面形状、尺寸、开挖深度等确定土方开挖的施工段数量。当平面尺寸较大时，可以根据投入的挖掘机械数量确定多个施工段，每个施工段可以同时开挖作业，以加快施工进度。当平面尺寸不大时，可不分施工段，但应合理确定土方开挖的顺序和流向，以便于后续基础工程的施工。当开挖深度较大时，应合理确定每层开挖深度，并配合进行基坑支护，每挖一层支护一层，以保证基坑侧壁的稳定。

深基坑工程挖土可采用中心岛式（也称为墩式）挖土、盆式挖土。中心岛式挖土：即先挖去基坑四周的土，优点是四周可以先为基坑支护作业留出工作面，如土钉、锚杆施工等，中间部分可以临时作为施工场地。盆式挖土：先挖除基坑中心的土方，优点是可以不受基坑支护的影响，先进行土方开挖和运输。所谓中心岛式开挖与盆式开挖，只不过是根据现场条件及设计要求，综合考虑土方施工进度和施工作业面而采用的不同挖土顺序而已。

土方开挖时严禁扰动地基土而破坏土体结构，降低其承载力。基坑侧壁也同样不得超挖，否则会破损支护结构引起事故。采用机械挖土时，应在基底标高以上保留一定厚度的土层不挖，待基础施工前由人工配合挖土。保留人工开挖的深度应根据所使用的挖掘机械或根据设计规定确定。采用人工挖土时，若基础开挖后不能立即进行下道工序，也应保留一定厚度土层不挖，待下道工序开始前再挖至设计标高。

土方开挖时挖掘机械要注意避免碰撞结构桩，防止撞击力过大造成结构桩发生位移或倾斜。挖土期间挖土机离边坡应有一定的安全距离，以免塌方造成事故。

土方开挖至坑底后应留有基础施工操作面，并做好坑底排水，做到基坑内不积水，便于下道工序施工。特别要注意控制相邻开挖段的土方高差，防止因土方高差过大产生塌方。

3. 留设坡道

挖土机的进出口通道，应铺设路基，以减轻路面压力，必要时局部加固处理。基坑开挖时，两台挖土机应保持一定间距，挖土机工作范围内，不允许进行其他作业。

挖土时需要满足运输车辆行走的要求，特别是深基坑时，要留设好坡道，必要时坡道需要专门铺设碎石或防滑钢板，并考虑基坑底部最后一部分土方及坡道部分土方的开挖及

运输方法。

4. 基坑的时空效应及变形监测

基坑开挖后，上部土方被挖掉，等于是给基底及侧壁土方卸荷，打破了原有的荷载平衡，使土方产生应力释放，导致土方变形，此即时空效应。土方开挖时，可以适当加快土方开挖速度，减小时空效应，有利于围护结构和土体的稳定。因此坑槽开挖后应减少暴露时间，立即进行基础或地下结构的施工，并防止地基土浸水，在基坑开挖过程中和开挖后，应保证降水工作正常进行。

基坑开挖阶段，不得在基坑四周附近任意堆土或放置其他重物。基坑开挖应严格按要求放坡，操作时应注意土壁的变化情况，如发生裂缝及部分塌方现象，应及时进行加固或放坡处理，做好基坑工程的监测和控制，做好对周围环境的保护工作。当基坑开挖较深，周边有市政管线及建筑物时，对周边建筑及地下管线的监测与保护就显得尤为重要。

通过围护结构和周围环境的观测，能随时掌握土层和围护结构内力的变化情况，以及邻近基础、地下管线和道路的变化情况，将观测值与设计计算值进行对比和分析，随时采取必要的措施，保证在不造成危害的条件下安全施工。重点监测的内容包括：基坑内外地下水位的下降；围护结构顶部的沉降及水平位移；邻近基础沉降；路面沉降；地下管线沉降与位移。围护结构、周边环境的监测应根据设计要求频率按时进行。在发现沉降、位移或变形的速率有明显加快的趋势时，应提高监测频率。

（四）基坑（槽）验槽

基坑（槽）验槽重点是针对天然地基，采用桩基时，不是重点要求内容。

基础土方开挖至设计标高后，施工单位应会同勘察、设计、监理及建设单位共同进行验槽，合格后方能进行基础工程施工。验槽方法通常为观察法和钎探法。

1. 观察法

观察法主要检查内容有：

①基坑（槽）的位置、平面尺寸、坑（槽）底标高等，边坡是否符合设计要求。

②坑（槽）壁、底土质类别，均匀程度是否与勘察报告相符。

③土的含水率有无异常现象等。

验槽的重点部位是柱基、墙角、承重墙下或其他受力较大的部位。在验槽过程中，若发现与设计或勘察资料不符的情况，应会同勘察、设计单位共同研究处理方案。

2. 钎探法

钎探法是指用锤将钢钎（采用直径 22 ~ 25mm 的钢筋制成，长 2.1 ~ 2.6m）打入坑（槽）底以下土层一定深度，记录每贯入 30cm 深度的锤击次数，根据其锤击次数和入土难易程度判断土的软硬情况及有无墓穴、枯井和软弱下卧层等。通过钎探可以确定地基承载力、基底土层等是否与勘察资料相符。

钎探点一般按纵横间距 1.5m 以梅花形布设。打钎时，同一工程应钎径、锤重、落距一致，打钎深度为 2.1m。打钎完成后，要从上而下逐步分析钎探记录情况，再横向分析各钎点之间的锤击次数，对锤击次数过多或过少的钎点须进行重点检查。钎探后的孔要用砂填实。

二、土方回填

土方开挖完成并在基础工程施工完成后，没有建筑物或构筑物的部分需要进行土方回填并夯填密实，以保证建筑工程室内外地面在正常使用过程中不会产生较大的沉降。

土方回填达不到质量要求，会导致地面下沉，甚至产生较大的工程事故。在土方回填前应首先对基底进行处理，并选择适宜的回填材料和填筑方法。

由于影响土方回填质量的因素较多，当工程对回填质量要求较高，回填质量及工期不能满足工程要求时，常采用技术措施或结构加强的方法处理。

（一）回填前基底处理

1. 清除基底上杂物，排除积水，并应采取措施防止地表水流入填方区浸泡地基，造成基土下陷。

2. 当基底为耕植土或松土时应将基底做清理或充分夯实、碾压密实。

3. 当填土场地地面陡于 1/5 时，应先将斜坡挖成阶梯形，阶高 0.2 ~ 0.3m，阶宽大于 1m，然后分层填土，以防止填土发生滑移。

（二）土方回填材料的要求

土方回填材料的选择对回填土的密实度影响很大，应符合下列规定：

1. 采用级配良好的砂土或碎石土、级配砂石。

2. 以黏土、粉质土等作为填料时，其含水率宜为最优含水率，含水率大的黏土不宜作填土用。经验判别方法是：土料以手握成团、落地开花为适宜。当含水率过大，应采取翻松、晾干、换土回填、掺入干土或其他吸水性材料等措施。若土料过干，则应预先洒水润湿。

3. 符合要求的建筑垃圾再生料、爆破石渣可做表层以下填料，其最大粒径不得超过每层铺垫厚度的 2/3。

4. 淤泥、冻土、膨胀土以及有机质含量大于 5% 的土不得作为填方土料。

（三）土方回填方法及施工要求

土方回填应分层进行，每层厚度应根据压实方法确定。若填方中采用不同透水性的填料填筑，必须将透水性较大的土层置于透水性较小的土层之下。每层填土压实质量合格后方可进行下一回填层施工。土方回填施工一般要求如下：

1. 尽量采用同类土填筑，控制土的含水率在最优含水率范围内，保证上、下层接合良好。

2. 填土从最低处开始，由下向上整个宽度分层铺填碾压或夯实；在地形起伏之处，做好接搓，修筑 1:2 阶梯形边坡，每台阶可取高 50cm、宽 100cm。不得在基础、墙角、柱墩等重要部位接缝。

3. 回填管沟时，应人工先在管子周围填土夯实，并从管道两边同时进行直至管顶 0.5m 以上。在不损坏管道的情况下，方可采用机械填土回填夯实。

4. 填土应预留一定的下沉高度，以备在干湿交替等自然因素作用下，土体逐渐沉落密实。

（四）土方回填压实方法

土方回填应根据工程特点、施工条件和设计要求等选择合适的压实方法，确保回填土的压实质量。土方回填的压实方法一般有碾压法、夯实法和振动压实法等。

1. 碾压法

碾压法是利用沿着土的表面滚动的鼓筒或轮子的压力在短时间内对土体产生作用，在压实过程中，作用力保持不变。碾压机械有平碾（压路机）、振动碾、羊足碾等。碾压机械进行大面积填方碾压，宜采用“薄填、慢驶、多遍”的方法，从填土区两侧逐渐压向中心。

平碾（压路机）适用于薄层填土或表面压实、平整场地、修筑堤坝及道路工程。振动碾使土同时受到振动和碾压，压实效率高，适用于填料为爆破石渣、碎石类土、杂填土或粉土的大型填方工程。羊足碾需要较大牵引力，与土接触面积小，单位面积压力比较大，适用于压实黏性土。

2. 夯实法

夯实法是利用夯锤自由落下的冲击力使土颗粒重新排列而压实填土，其作用力为瞬时冲击动力。夯实机械主要有蛙式打夯机、夯锤等。

蛙式打夯机体积小、质量轻、操纵方便、夯击能量大，在建筑工程上使用很广，缺点是劳动强度较大，适用于黏性较低的土（砂土、粉土、粉质黏土）、基坑（槽）、管沟及边角部位的填方夯实。夯锤夯实法是借助起吊设备将重锤提升至 4 ~ 6m 高处使其自由下落，对基坑（槽）内预留的一定厚度的表层土进行夯击。在同一夯位夯击 8 ~ 12 次，可获得 1 ~ 2m 的有效夯实深度。锤重一般为 2 ~ 3t，锤底直径为 1.0 ~ 1.5m。夯锤适用于夯实砂性土、湿陷性黄土、杂填土以及黏性土等。

3. 振动压实法

振动压实法是将振动机械置于地基表面进行一定时间的振动，利用其激振力在土中产生的剪切压密作用使一定深度内的土相对移位而达到密实。该方法操作简单，但振实深度有限。振动压实法适用于处理砂性土及松散性杂填土（炉灰、炉渣、碎砖瓦等）、小面积黏性土薄层回填土振实，较大面积砂土的回填振实以及薄层砂卵石、碎石垫层的振实。

三、基坑支护

土方开挖时，如果土质和施工场地允许，采用放坡开挖的方式往往是比较经济的。但在建筑物密集地区施工，没有足够的场地进行放坡，或由于开挖深度太大而导致放坡开挖的土方量过大，此时需要采用基坑支护措施以减少土方开挖对周边已有建筑物的不利影响，保证施工的顺利进行。

（一）基坑支护施工方案要求

基坑支护工程达到一定深度要求时应编制专项施工方案，具体要求如下：

1. 开挖深度超过 3m（含 3m）或虽未超过 3m，地质条件和周边环境复杂的基坑（槽）支护、降水工程应编制专项施工方案，经监理单位和建设单位审批后方可实施。

2. 开挖深度超过 5m（含 5m）的基坑（槽）的支护、降水工程，或开挖深度虽未超过 5m，但地质条件、周围环境和地下管线复杂，或影响毗邻建筑（构筑）物安全的基坑（槽）的支护、降水工程应编制专项施工方案，且经专家论证通过后方可实施。

（二）基坑支护结构类型

基坑支护结构必须安全可靠、经济合理。基坑支护结构类型应根据挖土深度、土质条件、地下水位、施工方法等情况进行选择。

1. 重力式支护结构

（1）水泥土搅拌桩

水泥土搅拌桩是用搅拌机械在地面以下将土和水泥等固化剂强制搅拌，使软土硬结形成连续搭接的具有整体性、水稳定性和一定强度的水泥土柱状加固体。

水泥土搅拌桩能够提高地基承载力，并减小地基沉降，可用于进行地基加固。同时水泥土搅拌桩可利用自身重力挡土，可作为软土层基坑开挖的支护结构，是加固饱和黏性土地基的常用方法。水泥土搅拌桩的水泥掺量根据设计确定，水泥土强度可达 0.8 ~ 1.2MPa，连续搭接的水泥土搅拌桩渗透系数很小，抗渗性能好，是目前作为基坑止水帷幕的主要方法。单纯的水泥土搅拌桩作为支护能力较弱，主要适用于深度不大的基坑，以 4 ~ 6m 深的基坑支护为宜。

水泥土搅拌桩排列的宽度一般取开挖深度的 0.6 ~ 0.8 倍，基坑底面以下的嵌固深度宜取开挖深度的 0.8 ~ 1.0 倍。根据桩的排列，水泥土搅拌桩平面布置可分为壁式（单排或双排桩）、格栅式、实体式（三排或三排以上桩）。

水泥土搅拌桩施工重点应保证固化剂与土的混合物搅拌充分，达到较高的强度，可采用“两喷两搅”或“两喷三搅”工艺。水泥掺量较小、土质较松时可采用前者，反之可采用后者。“两喷两搅”的工艺流程是：桩机就位→第一次搅拌下沉→第一次提升、喷浆→第二次搅拌下沉→第二次提升、喷浆→清洗→桩机移位。

（2）高压旋喷桩

高压旋喷桩是将带有特殊喷嘴的注浆管钻进到预定深度，然后利用高压泥浆泵使浆液以高速喷射冲切土体，使射入的浆液和土体混合，经过凝结硬化，在地基中形成比较均匀、连续搭接且具有高强度的水泥加固体。

加固体的形式和喷射移动方式有关，若喷嘴以一定转速旋转、提升，则形成圆柱状的桩体；若喷嘴只是提升不旋转，则形成壁状加固体。

高压旋喷桩施工根据工程需要和土质条件可分别采用单管法、双管法和三管法。单管旋喷注浆法是利用钻机把安装在注浆管（单管）底部侧面的特殊喷嘴置入土层预定深度后，用高压泥浆泵等装置把浆液从喷嘴中喷射出去，使浆液与土体搅拌混合形成水泥加固体。双管法使用双通道的二重注浆管，当二重注浆管钻到预定深度后，通过在管底部侧面的一个同轴双重喷嘴同时喷射出高压泥浆和空气两种介质的喷射流冲击破坏土体，在高压浆液和外圈环绕气流的共同作用下增大加固体的体积。三管法是使用三通道分别输送水、空气和浆液，以高压泵等高压发生装置产生高压水喷射流，环绕圆筒状气流进行高压水喷射和气流同轴喷射冲切土体，形成较大的空隙，再由泥浆泵注入浆液填充凝结为较大的加固体。

高压旋喷桩受土层等影响较小，可广泛适用于淤泥、软弱黏性土、砂土甚至砂卵石等多种土质，能够提高地基承载力、减少建筑物不均匀沉降，也能够对基坑起到支护作用和抗渗作用。高压旋喷桩施工工艺流程是：桩机就位→制浆→钻孔→插注浆管→喷浆→边旋喷边提升→清洗→桩机移位。当喷射注浆管贯入土中，喷嘴达到设计标高时即可喷射注浆。喷浆时应先达到预定的喷射压力，喷浆旋转 30s，水泥浆与桩端土充分搅拌后再边喷浆边反向匀速旋转提升注浆管，直至设计标高停止喷浆。在桩顶原位转动 2min，保证桩顶密实均匀。喷射施工完成后应把注浆管等机具设备采用清水冲洗干净，防止凝固堵塞。

2. 非重力式支护结构

（1）钢板桩

钢板桩由带锁口的热轧型钢制成，把这种钢板桩互相连接打入地下形成连续钢板桩墙，既挡土又挡水。施工时先把钢板桩打入地下再挖土。钢板桩可多次重复使用，打设方便，承载力高。钢板桩适用于软弱地基、地下水位较高、水量较多的深基坑支护结构，但在砂砾及密实砂土中施工困难。

（2）钻孔灌注桩

钻孔灌注桩是利用钻孔机械钻出桩孔，并在孔中浇筑混凝土而成的桩。钻孔灌注桩施工无噪声、无振动、无挤土，刚度大，抗弯能力强，变形较小，多用于基坑坑深 7 ~ 15m 的基坑工程。灌注桩之间主要通过桩顶压梁及中间位置的腰梁连成整体，因而相对整体性较差。

（3）地下连续墙

地下连续墙是利用各种挖槽机械在地下挖出窄而深的沟槽，借助于泥浆的护壁作用，在槽内吊放入钢筋笼后，用导管法浇注混凝土而形成的一道具有防渗（水）、挡土和承重功能的连续的地下墙体。地下连续墙须分段施工，每个单元槽段采用特殊的接头方式连接。

地下连续墙具有以下优点：可在各种土质条件下施工；施工时无振动、噪声低、不挤土，除产生较多泥浆外，对环境影响很小；可在建筑物、构筑物密集地区施工，对邻近结构和地下设施基本无影响；墙体的抗渗性能好，能抵挡较高的地下水压力；可以兼做地下室结构外墙，实现“两墙合一”。

（4）土层锚杆

土层锚杆是一种设置于钻孔内、端部伸入稳定土层中的钢筋或钢绞线，与孔内注浆体组成的受拉杆体，它一端与工程构筑物相连，另一端锚固在土层中，通常对其施加预应力，以承受由土压力、水压力或风荷载等所产生的拉力，用以维护构筑物的稳定。支护结构和其他结构所承受的荷载通过拉杆传递到土层中的锚固体，再由锚固体将传来的荷载分散到周围稳定的土层中去。

第二章　基础工程

第一节　基础工程的基础认知

基础是将结构所承受的各种作用传递到地基上的结构组成部分。在建筑工程中经常采用的基础，根据其受力特征和施工方式分为浅基础和桩基础两种类型。区分两种基础类型的关键因素是其受力特性而不是几何尺寸。

浅基础指将承载力较小的浅表土层作为地基来承受上部结构的各种作用的基础形式。承载力主要由基础底面下卧土层受压承载力提供。由于浅表土层的承载力较小，因而此类基础与地基的接触面积（即基础底面积）往往比结构构件的底面积要大很多，基础埋深比基础平面尺寸要小很多。此类基础包括独立基础、条形基础、交叉梁基础、筏形基础及箱形基础。

桩基础指将承载力较大的深层土层（或岩层）作为持力层来承受上部结构的各种作用的基础形式。承载力除了由基础底部土层的受压承载力提供外，基础侧表面与土层间的摩擦力也对承载力有贡献。这样就使基础的底面积比上部建筑结构构件平面面积增加不多，但是基础埋深要远大于基础平面尺寸。

一、浅基础施工

浅基础施工按施工方式不同，分为砌筑基础、夯实基础（灰土基础、三合土基础）和混凝土浇筑基础；按照材料不同，分为灰土基础、三合土基础、砖基础、石基础、钢筋混凝土基础。对于浅基础来说，基坑（槽）的基底验收（通常称验槽）是一个非常关键的环节，也是浅基础施工准备的重要工作。

验收合格的坑槽应尽快进行垫层施工，从而及时形成对地基的保护，防止因雨水和地表水浸泡基底土层造成额外的地基加固成本和工期延误。垫层施工完成后，经过养护达到可以上人的强度，即可进行基础施工。根据使用的材料不同，基础的施工方式也有很大差别，其中，砌筑基础和钢筋混凝土基础部分内容将主要介绍基础施工前的验收和测量环节的工作内容和要求。

（一）工作流程

浅基础施工前准备的工作流程见图 2–1 所示。

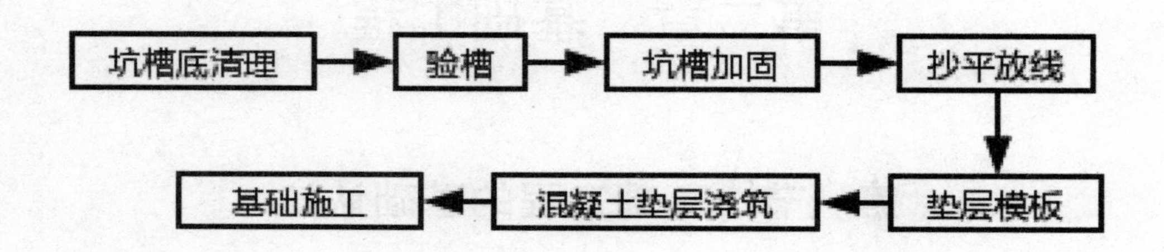

图 2–1　浅基础施工前准备的工作流程

（二）基坑（槽）验收

基坑（槽）验收包括直接观察和轻型动力触探检验两个方面。验收工作完成应对验收结果填写验收报告和处理意见。其验收内容包括以下几个方面：

第一，检查基坑平面形状和尺寸、位置、深度和坑槽底标高是否与设计相符。

第二，根据地质勘察报告，通过直接观察检查坑槽底部（特别是基底范围）是否存在土层异常情况。对填土、坑穴、古墓、古井等分布进行初步判断。

第三，通过直接观察可以检查基坑基底范围土层分布情况；是否受到外界因素的扰动（如超挖情况）；或者因排水不畅造成土质软化；或者因保护不及时造成土体冻害等现象。

第四，采用轻型动力触探方式（又称钎探）对坑槽底部进行全面检查，包括人工和机械两种方式。检测在坑底形成的孔洞应用细砂灌实。以下情况可不进行动力触探检测：下卧层为厚度满足设计要求的卵石和砾石；底部有承压水层，且容易引起冒水涌砂的情况。

第五，填写验收报告及处理意见。采用动力触探方式检验，应绘制检测点位分布图，并标明编号，附上相关数据信息表格，作为坑槽检验的参考资料。

（三）基础的抄平放线

当基坑（槽）验收通过后，应进行基础的抄平和放线工作。通常分两个步骤进行，首先要进行的是基础抄平。

1. 基础抄平

基础抄平是在坑（槽）底抄平后通过混凝土垫层施工来实现，而基坑（槽）底抄平在基坑开挖后期的人工清底操作过程中实施完成。通常基坑（槽）底抄平的要求较为粗略，而基底抄平（垫层顶标高）则要求精确。为了保证混凝土垫层的平整度和标高准确，通常依据坑底标高控制桩先用垫层同等级混凝土打灰饼，灰饼顶标高同垫层设计标高，然后依据灰饼再进行大面积垫层施工。

2. 基础放线

根据基坑周边的控制桩，将基础主轴线引测到基坑底的垫层上，每个方向应至少投测两条控制线，经闭合校核后，再以轴线为基准用墨线弹出基础轮廓线或边线，并定出门窗洞口的平面定位线。轴线放测完成并经复查无误后，才能进行基础施工。当基础墙身或者柱身施工完成后，将轴线引测到柱外侧或外墙面上，画上特定的符号，作为楼层轴线向上部传递的引测点。

二、桩基础施工

（一）概念与特点

桩基础是由桩顶承台（梁）将若干根沉入土层中的桩连成一体的基础形式。

桩身是长度远远大于截面尺寸的柱状体（圆柱或者棱柱）。桩基础具有较高的承载力与稳定性，沉降量小而均匀，抗震性能良好，能适应多种复杂地质条件。与浅基础相比，桩基础施工过程较复杂，成本也较高。

（二）分类

按桩的施工方法不同，桩可分为预制桩和灌注桩两类。根据桩的承载状态分为摩擦桩和端承桩；按制作材料不同，分为素混凝土桩、钢筋混凝土桩、钢桩和木桩；按预制桩的成桩方式的不同，分为锤击沉桩、振动成桩、静力压桩和水冲沉桩。灌注桩按照成孔方式分为钻孔、挖孔、冲孔、沉管、爆破等；按灌注桩的施工工艺不同，分为干作业成孔和湿作业成孔两种方式；按桩的截面形状分为混凝土圆形实心桩、混凝土方形实心桩、混凝土管桩、钢管桩、H 形钢桩和异形钢桩等；按成桩时挤土状况可分为非挤土桩、部分挤土桩和挤土桩。

第二节　预制桩施工

预制桩一般在预制构件厂或者工地的加工场地预制，然后运输到打桩位置，用沉桩设备按设计要求的位置和深度将其深入土层中。预制桩具有承载力大、坚固耐久、施工速度快、不受地下水影响、机械化程度高等特点。目前我国广泛采用的预制桩主要有钢筋混凝土方桩、钢筋混凝土管桩、钢管或型钢钢桩等。预制桩施工包括两个重要环节：其一，是预制桩在生产厂家或者施工现场的制作、堆放和运输过程；其二，就是在工地的沉桩施工。两个环节工作的实施、管理和质量控制可能由同一施工单位来完成，也有可能分属于不同的企业和部门，但是两个环节的工作对工程的最终质量都是至关重要的。

一、桩的制作、运输、堆放

（一）制作

最大桩长由打桩架的高度决定，一般不超过 30m。预制厂制作的构件为了运输方便，长度不宜超过 12m。现场制作的桩长一般不超过 30m，当桩长超过 30m 时，需要分节制作，并在打桩过程中采取接桩措施。预应力桩的技术要求较高，通常需要在预制厂生产。

实心方桩截面边长一般为 200 ~ 500mm，空心管桩外径为 300 ~ 1 000mm。桩的受力钢筋的根数一般为不小于 8 根的双数，且对称布置，便于绑扎和保持钢筋笼的形状。锤击沉桩时，为防止桩顶被打坏，浇筑预制桩的混凝土强度等级不宜低于 C30，桩顶一定范围内的箍筋应加密及加设钢筋网片，混凝土浇筑宜从桩顶向桩尖浇筑，浇筑过程应连续，避免中断。静压法沉桩时，混凝土等级不宜低于 C20。

现场预制桩时，应保证场地平整坚实，不应产生浸水湿陷和不均匀沉降。叠浇预制桩的层数一般不宜超过 4 层，上下层之间、邻桩之间、桩与模板之间应做好隔离层。上层桩或邻桩的浇筑，应在下层桩或邻桩混凝土达到设计强度等级的 30% 以后方可进行。

（二）运输

桩的运输应根据打桩的施工进度，随打随运，尽可能避免二次搬运。长桩运输可采用平板拖车等，短桩运输可采用载重汽车，现场运输可采用起重机吊运。

钢筋混凝土预制桩应在混凝土达到设计强度标准值的 75% 方可起吊，达到 100% 方能运输和打桩。如须提前起吊，必须做强度和抗裂度验算，并采取必要的防护措施。

（三）堆放

桩堆放时场地应平整、坚实，排水良好，桩应按规格、材质、桩号分别堆放，桩尖应朝向一端，支撑点应设在吊点或其附近，上下垫木应在同一垂直线上；堆放层数不宜超过 4 层。底层最外侧的桩应该用楔块塞紧固定。

二、锤击沉桩

锤击沉桩也称打入桩，是靠打桩机的桩锤下落到桩顶产生的冲击能而将桩沉入土中的一种沉桩方法。

（一）特点

施工速度快，机械化程度高，适用范围广，是预制钢筋混凝土桩最常用的沉桩方法。

（二）适用性及施工程序

施工时有噪声和振动，施工产生的挤土效应强烈，因此施工时的场所、时间段受到限制。

1. 打桩机具

打桩用的机具主要包括桩锤、桩架及动力装置三部分。

（1）桩锤

桩锤是打桩的主要机具，其作用是对桩施加冲击力，将桩打入土中。主要有落锤、单动汽锤和双动汽锤、柴油锤、液压锤。

（2）桩架

桩架的作用是悬挂固定桩锤，引导桩锤的运动方向；吊桩就位。

桩架多以履带式起重机车体为底盘，增加立柱、斜撑、导杆等用于打桩的装置。可回转 360°，行走机动性好，起升效率高。可用于预制桩和灌注桩施工。

（3）动力装置

用于启动桩锤的动力设施。包括电力驱动的卷扬机、蒸汽锅炉、柴油发动机等。根据桩锤种类确定。

2. 打桩施工

（1）施工准备

①清除障碍物：一方面为平整场地施工提供前提条件；另一方面为后期打桩作业的顺利进行清除障碍或者进行前期处理。

②平整场地：为了便于桩机行走，特别是步履式桩机对地面平整度要求较高，必要时要修筑桩机行走道路，设置坡道，做好排水设施。

③动力线路接入，设置配电箱。

④设置测量控制桩，便于观测桩点定位和桩机定位。

⑤预制桩的质量检查。预制桩不能有制作缺陷，同时在吊装过程中不能造成损伤和开裂。

（2）打桩顺序

①挤土效应：由于锤击沉桩是挤土法成孔，桩入土后对周围土体产生挤压作用，尤其在群桩施工中的挤土效应明显。它的不利影响包括两个方面：造成周边先打入桩身挤出地面甚至损坏；引起周围地面隆起而造成建筑和地下设施的损害。

②影响因素：通常应根据场地的土质，桩的密集程度，桩的规格、长短和桩架的移动路线等因素来确定打桩顺序，以提高施工效率，减低施工难度。确定打桩顺序应遵循的原则如下：“先长后短；先深后浅；先粗后细；先密后疏；先难后易；先远后近。”从桩的平面位置看，打桩顺序主要包括逐排打、自中央向边缘打、自边缘向中央打和分段打四种。

（3）施工工艺流程

预制桩锤击沉桩的施工工艺流程如图 2–2 所示。

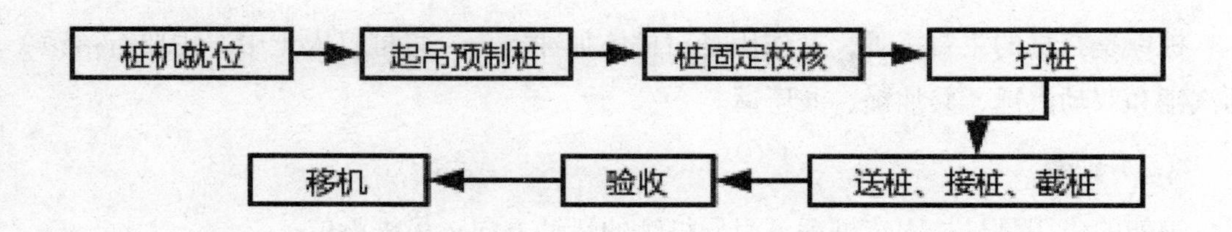

图 2–2　锤击沉桩施工工艺流程

（4）主要施工工序及技术要求

第一，施工准备：①清除障碍物：一方面为平整场地施工提供前提条件；另一方面为后期打桩作业的顺利进行清除障碍或者进行前期处理。包括打桩范围内空中（如供电线路）、地面（如房屋、石块等）、地下的障碍物（如墓穴、地窖、防空洞等）。②平整场地：为了便于桩机行走，特别是步履式桩机对地面平整度要求较高，必要时要修筑桩机行走道路，设置坡道，做好排水设施。③动力线路接入：在基坑附加设置配电箱，以满足桩机动力需求。④设置测量控制桩：便于观测桩点定位和桩机定位；预制桩桩位控制测量的允许偏差如下：群桩的定位偏差≤ 20mm；单排桩的定位偏差≤ 10mm。⑤预制桩的质量检查：预制桩不能有制作缺陷，同时在吊装过程中不能造成损伤和开裂。

第二，桩机就位：根据施工方案的打桩线路设计，将桩机开行至线路的起始桩位，并调整桩机满足以下条件：①保持桩架垂直，导杆中心线与打桩方向一致，校核无误后固定。②将桩锤和桩帽吊升起来，高度应高于桩长。

第三，吊桩就位和校核：利用桩架上的卷扬机将桩吊起成直立状态后送入桩架的导杆内，对准桩位徐徐放下，使桩尖在桩身自重下插入土中。此时，应校核桩位、桩身的垂直度，偏差≤ 0.5%。此步骤称为定桩。

第四，插桩和第二次校核：在桩顶安装桩帽，并放下桩锤压在桩帽上。桩帽与桩侧应有 5 ~ 10mm 的间隙，桩锤和桩帽之间应加弹性衬垫，一般用硬木、麻绳、草垫等，以防止损伤桩顶。此时，在自重作用下，桩身又会插入土中一定深度。此时，应对桩位和桩身垂直度进行第二次校核，并保证桩锤、桩帽和桩身在一条垂直线上。否则，应将桩拔出重新定位。

第五，打桩施工：锤击原则为“重锤低击”或者“重锤轻击”。

采用此原则进行锤击沉桩可以使桩身获得更多的动量转换，更易下沉。否则，不但桩身不下沉，而且锤击的能量大部分被桩身吸收，造成桩顶损坏。一般情况下，单动汽锤落距≤ 0.6m；落锤落距≤ 1.0m；柴油锤的落距≤ 1.5m。桩锤应连续施打，使桩均匀下沉。

（三）预制桩沉桩施工的一些防范措施

由于预制桩沉桩施工过程中的振动、噪声等，会给周围原有建筑物、地下设施及居民生活带来不利影响。在施工前应当做好防范措施的预案。常规的防范措施包括以下几个方面：

①预钻孔：在桩位处预先钻直径比桩径小 50 ~ 100mm 的孔，深度视桩距和土的密实度、渗透性确定，一般为 1/3 ～ 1/2 桩长，施工时随钻随打。

②设置砂井和排水板：通过在土层中设置砂井和排水板，为受压土层的孔隙水提供排解的通道，消除孔隙水压力，缓解挤土效应。砂井直径应为 70 ~ 80mm，间距 1.0 ~ 1.5m，深度 10 ~ 12m。塑料排水板设置方式类似。

③挖防振沟：地面开挖防振沟，可以消除部分地面的振动和挤土效应。防振沟一般宽度 0.5 ~ 0.8m，深度根据土质以边坡能自立为宜，并可以与其他预防措施结合施工。

④优化打桩顺序，控制打桩速度。

三、静力压桩施工

静力压桩是利用无振动、无噪声的静压力将预制桩压入土中的沉桩方法。

静力压桩适用于软土、淤泥质土层，及截面小于 400mm × 400mm、桩长 30 ~ 35m 左右的钢筋混凝土实心桩或空心桩。与普通打桩相比，可以减少挤土、振动对地基和邻近建筑物的影响，避免锤击对桩顶造成损坏，不易产生偏心沉桩；由于不需要考虑施工荷载，因而桩身配筋和混凝土强度都可以降低设计要求，节约制桩材料和工程成本，并且能在沉桩施工中测定沉桩阻力，为设计、施工提供参数，并预估和验证桩的承载能力。

（一）压桩机

静力压桩机主要由夹持机构、底盘平台、行走回转机构、液压系统和电气系统等部分组成。压桩能力从 80 ~ 1 000t 多个等级。夹持结构通过液压推力依靠夹持盘与桩侧表面的摩擦夹住桩身。底盘平台是桩机的主要承重结构、作业平台和操作结构的支座。行走系统分步履式和履带式，步履式可以使桩机在纵横两个垂直方向移动和回转，稳定性较好，但要求场地要平整；履带式桩机的机动性要好一些，对场地条件的适应性较好。

（二）施工流程

静力压桩施工的工艺流程如图 2–3 所示。其中，桩机就位、桩机调整、桩对位等环节的技术要求可参照锤击沉桩施工。压桩过程应做好施工记录，根据压力表读数和桩入土深度判断压桩质量。

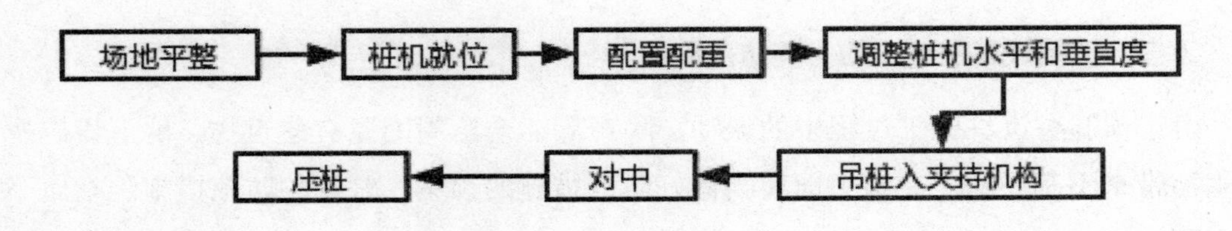

图 2-3　静压桩施工工艺流程

静力压桩施工中，一般是采用分段预制、分段压入、逐段接长的方法。

（三）质量控制措施

1. 先进行场地平整，满足桩机进驻要求。由于压桩要求桩机配置足够的配重，因而静力压装机的荷载重量比较大，对场地承载力要求较高；特别是地表土层承载力不均匀容易造成桩机不稳和桩身不垂直。

2. 压桩时，桩帽、桩身、送桩器以及接桩后的上下节桩身应在同一垂直线上。

3. 为了防止桩身与土体固结而增加沉桩阻力，压桩过程应连续不能中断，工艺间歇时间（如接桩）尽量缩短。

4. 遇到下列突发情况，应暂停压桩，及时与有关单位研究处理方案：

第一，压桩初期，桩身大幅度位移或倾斜；第二，压桩过程中突然下沉或者倾斜；第三，桩顶压坏或压桩阻力陡增。

第三节　灌注桩施工

灌注桩是直接在桩位上就地成孔，然后在孔内安放钢筋笼，并灌注混凝土而形成的一种桩。灌注桩与预制桩相比较，有以下优缺点：

优点：灌注桩能根据各种土层，选择适宜的成孔机械，对各种土层的适应性较好，并且无须接桩作业，可以进行大直径桩、长桩施工，节省了吊装和运输的费用。

缺点：成孔工艺复杂，受施工环境影响大，桩的养护期对工期有所制约。

一、长螺旋干作业钻孔灌注桩

（一）适用范围

可用于没有地下水或者地下水位以上土层范围内成孔施工，适用的土层包括黏性土、粉土、填土、中等密实以上的砂土、风化岩层。

（二）施工机械

包括长螺旋钻机（全叶螺旋钻机，即整个钻杆上布满叶片）和短螺旋钻机（只在靠近钻头 2 ~ 3m 范围内有螺旋叶片）两类。全叶螺旋钻机成孔直径一般为 300 ~ 800mm，钻孔深度为 8 ~ 20m。钻杆可以根据钻孔深度逐节接长。全叶钻机钻孔时，随着钻杆叶片的旋转，土渣会自行沿螺旋叶片上升涌出孔口；而短螺旋钻机由于叶片位于钻杆前段局部，排除土渣需要提钻和甩土操作，一般每钻进 0.5 ~ 1.0m 即需要提钻一次。

（三）成孔工艺

利用长螺旋钻机的钻头在桩位上切削土层，钻头切入土层带动钻杆下落。被切削土块沿钻杆上的螺旋叶片爬升直至孔口。然后用运输工具（翻斗车或者手推车）将溢出孔口的土块运走。钻孔和土块清运同时完成，可实现机械化施工。

（四）施工流程

见图 2–4。

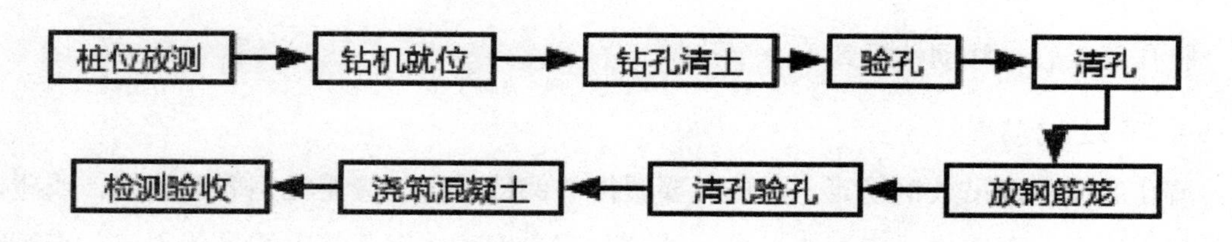

图 2–4 钻孔灌注桩施工流程

（五）施工作业及技术要求

1. 钻机就位

在现场放线、抄平等施工准备工作完成后，按照施工方案确定的成孔顺序移动钻机到开钻桩位。钻机应保持平稳，避免施工过程中发生倾斜和移动。通过双面吊锤球或者采用经纬仪校正调整钻杆的垂直度和定位。

2. 钻孔作业

开动螺旋钻机通过电机动力旋转钻杆，使钻头的螺旋叶片旋转削土，土块沿螺旋叶片提升排出孔外。为了土块装运便利，通常在孔口设置一个带溢出口的泄土筒，溢出口高度根据运输工具确定。

在钻进过程中，应随时注意完成以下工作：

①清理孔口积土，避免其对孔口产生压力而引起塌孔，及影响桩机的正常移位作业。

②及时检查钻杆的垂直度；必要时可以采取经纬仪监测。

③随时注意钻杆的钻进速度和出土情况；当发现钻进速度明显改变和钻杆跳动或摆动剧烈时，应停机检查，及时发现问题，并与勘察设计单位协商解决。

3. 清孔

为了避免桩在加载后产生过大的沉降量，当钻孔达到设计标高后，在提起钻杆之前，必须先将孔底虚土清理干净，即清孔。方法就是：钻机在原标高进行空转清土，不得向深处钻进，然后停止转动，提起钻杆卸土。清孔后可用重锤或沉渣仪测定孔底虚土厚度，检查清孔质量。孔底沉渣厚度控制：端承桩≤ 50mm，摩擦桩≤ 150mm。

4. 停钻验孔

钻进过程中，应随时观察钻进深度标尺或钻杆长度以控制钻孔深度。当达到设计深度后，应及时清孔。然后停机提钻，进行验孔。验孔内容和方法如下：

方法和工具：用测深绳（坠）、照明灯和钢尺测量。

检验内容：①孔深和虚土厚度；②孔的垂直度；③孔径；④孔壁有无塌陷、缩颈等现象；⑤桩位。

验孔完成后，移动钻机到下一个孔位。

5. 吊放钢筋笼

清孔后应随即吊放钢筋笼，吊放时要缓慢并保持竖直，应避免钢筋笼放偏，或碰撞孔壁引起土渣下落而造成孔底沉渣过多。放到预定深度时将钢筋笼上端妥善固定。当钢筋笼长度超过 12m 时，宜分段制作和吊放；分段制作的钢筋笼，其纵向受力钢筋的接头宜采用对接焊接和机械连接（直径大于 20mm）。先行吊放的钢筋笼上端应在露出地面 1m 左右时进行临时固定，起吊上段钢筋笼与下段钢筋笼保持在一条垂直线上，焊接完成后继续吊放。在钢筋笼安放好后，应再次清孔。

6. 浇筑混凝土

桩孔内吊放钢筋笼后，应尽快浇筑混凝土，一般不超过 24h，以防止桩孔扰动造成塌孔。浇筑混凝土宜用混凝土泵车，避免在成孔区域施加地面荷载，并禁止人员和车辆通行，以防止压坏桩孔。混凝土浇筑宜采用串筒或导管，避免损伤孔壁。混凝土坍落度一般为 80 ~ 100mm，强度等级不小于 C15，浇筑混凝土时应随浇随振，每次浇筑高度应小于 1.5m，采用接长的插入式振捣器捣实。

二、泥浆护壁成孔灌注桩

“泥浆护壁成孔灌注桩”也称“湿作业成孔灌注桩”，即在钻孔过程，先使“泥浆”充满桩孔，并随时循环置换，通过“泥浆”循环方式，起到保护孔壁、排渣的作用。

（一）施工机械及适用性

常用的成孔机械有回旋钻机、冲击钻机、潜水钻机、旋挖钻机等。按照其行走装置分为履带式、步履式和汽车车载式三种。钻机主要由主机、钻杆、钻头构成。

1. 回旋钻机

回旋钻机是由动力装置带动钻机的回旋装置转动，回旋装置驱动位于作业平台上带方孔的转盘转动，从而带动插入孔中的方形钻杆转动，钻杆下端带有钻头，由钻头在转动过程中切削土壤。回旋钻机主要由塔架、回旋转盘、钻杆、钻头、底盘和行走装置组成。适用于地下水位以下的黏性土、粉土、砂土、填土、碎（砾）石土及风化岩层，以及地质情况复杂、夹层多、风化不均、软硬变化较大的岩层。设备性能可靠，成孔效率高、质量好，施工噪音、振动较小。

2. 潜水钻机

潜水钻机是一种旋转式钻孔机械，其动力、变速机构和钻头连在一起，加以密封，因而可以下放至孔中地下水位以下运行，切削土壤成孔。潜水钻机主要由钻机、钻头、钻杆、塔架、底盘、卷扬机等部分组成。

3. 冲击钻机

冲击钻机是将冲锤式钻头用动力提升，然后让其靠自重自由下落，利用其冲击力来切削岩层，并通过掏渣筒清理渣土，通过这样的循环作业过程形成桩孔。冲击钻机主要由桩架、钻头、掏渣筒、转向装置和打捞装置组成。适用于粉质黏土、砂土、砾石、卵漂石及岩层。施工过程中的噪声和振动较大。

4. 旋挖钻机

旋挖钻机是利用钻杆和钻头的旋转及重力使土屑进入钻斗。当土屑装满钻斗后，提升钻斗将土屑运出孔外。这样通过钻头的旋转、削土、提升和出土，反复作业形成桩孔。旋挖钻机主要由塔架、钻杆、钻头、底盘、行走装置、动力装置等部分组成。旋挖钻成孔灌注桩根据不同的地层情况及地下水埋深，分为干作业成孔工艺和泥浆护壁成孔工艺。适用于黏性土、粉土、砂土、填土、碎石及风化岩层等。

（二）施工主要工序及技术要求

1. 施工流程

采用不同施工机械和钻机进行泥浆护壁成孔灌注桩施工的工艺流程基本相同（主导工序），其中冲击钻机成孔过程中击碎的大块岩石颗粒不能通过泥浆循环清运，需要另外采用淘渣筒清除。旋挖钻机采用的钻头具有很强的淘渣功能，但遇到大块石块或孤石时需要专用抓斗清除。泥浆护壁成孔灌注桩的施工工艺流程见图 2–5 所示。

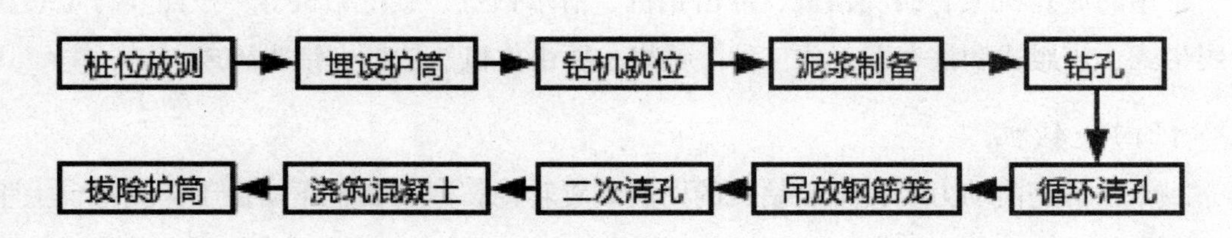

图 2–5 泥浆护壁成孔灌注桩施工流程

2. 施工作业及技术要求

（1）泥浆制备

在黏土中钻孔时，可利用钻削下来的土与注入的清水混合成适合护壁的泥浆，称为原土自造泥浆；在砂土中钻孔时，应注入高黏性土（膨润土）和水拌和成的泥浆，称为制备泥浆。泥浆护壁效果的好坏直接影响成孔质量，在钻孔中，应经常测定泥浆性能。为保证泥浆达到一定的性能，还可加入加重剂、分散剂、增黏剂及堵漏剂等掺和剂。制备泥浆的密度一般控制在 1.1 左右，携带泥渣排出孔外的泥浆密度通常为 1.2 ～ 1.4。

泥浆主要有以下功能：

①防止孔壁坍塌。钻孔施工破坏了自然状态下土层保持的平衡状态，存在塌孔的危险。泥浆防止塌孔的作用表现为两个方面。其一，孔内的泥浆比重略大，且保持一定超水位，因而孔内泥浆压力可以抵抗孔壁土层向孔内的土压力和水压力；其二，拌有一定掺和剂的泥浆具有一定的黏附作用，可以在孔壁上形成一层不透水的泥皮，在孔内压力作用下，防止孔壁剥落和透水。

②排出土渣。制备泥浆达到一个适当的密度则能够使土渣颗粒悬浮，并通过泥浆循环排出孔外。

③冷却钻头。钻头在钻进过程中，与土体摩擦会产生大量的热量，对钻头有不利影响。泥浆循环的过程中对钻头也起到了冷却的作用，可以延长钻头的使用寿命。

（2）埋设护筒

在钻孔时，应在桩位处设护筒，以起到定位、保护孔口、保持孔内泥浆水位的作用。护筒可用钢板制作，内径应比钻头直径大 100mm。埋入土中的深度：黏性土不宜小于 1.0m，砂土不宜小于 1.5m。护筒埋设应准确、稳定，护筒中心与桩位中心的偏差不得大于 50mm。在护筒顶部应开设 1 ～ 2 个溢浆口。在钻孔期间，应保持护筒内的泥浆面高出地下水位 1.0m 以上，形成与地下水的压力平衡而保护孔壁稳定。

（3）钻机就位

先平整场地，铺好枕木并校正水平，保证钻机平稳牢固。确保施工过程中不发生倾斜、移动。使用双向吊锤球校正调整钻杆垂直度，或者用经纬仪校正。

（4）钻孔和排渣

钻头对准护筒中心，偏差不大于50mm。开动泥浆泵使泥浆循环2～3min，然后再开动钻机，慢慢将钻头放置于桩位。慢速钻进至护筒下1m后，再以正常速度钻进。

钻孔时，在桩外设置沉淀池，通过循环泥浆携带土渣流入沉淀池而起到排渣作用。根据泥浆循环方式的不同，分为正循环和反循环两种工艺。

（5）清孔

钻孔达到设计深度后，应进行清孔。清孔作业通常分两次，第一次是在终孔后停止钻进时进行；第二次是在孔内放置钢筋笼和下料导管后，浇筑混凝土前进行。“正循环”工艺清孔分抽浆法和换浆法；“反循环”工艺中第一次清孔方法与正循环工艺的第一次清孔做法相同，第二次清孔则采用“空气升液排渣法”。

（6）钢筋笼制作与吊放

施工要求同干作业成孔灌注桩一致。钢筋笼长度较大时可分段制作，两段之间用焊接连接。钢筋笼吊放要对准孔位，平稳、缓慢下放，避免碰撞孔壁，到位后立即固定。钢筋笼接长时，先将第一节钢筋笼放入孔中，利用其上部架立钢筋临时固定在护筒上部，然后吊起第二节钢筋笼对准位置后用绑扎或焊接的方法接长后继续放入孔中。如此方法逐节接长后放入孔中设计位置。钢筋放置完成后要再次检查钢筋顶端的高度是否符合要求。

（7）浇筑混凝土

泥浆护壁成孔灌注桩采用导管法水下浇筑混凝土。导管法是将密封连接的钢管作为水下混凝土的灌注通道，以保证混凝土下落过程中与泥浆隔离，不相互混合。开始灌注混凝土时，导管要插入到距孔底300～500mm的位置。在浇筑过程中，管底埋在灌入混凝土表面以下的初始深度应≥0.8m的深度，随后应始终保持埋深在2～6m。导管内的混凝土在一定的落差压力作用下，挤压下部管口的混凝土在已浇的混凝土层内部流动、扩散，以完成混凝土的浇筑工作，形成连续密实的混凝土桩身。浇筑完的桩身混凝土应超过桩顶设计标高0.3～0.5m，保证在凿除表面浮浆层后，桩顶标高和桩顶的混凝土质量能满足设计要求。

三、人工挖孔灌注桩

人工挖孔灌注桩是指在桩位采用人工挖掘方法成孔，然后安放钢筋笼，灌注混凝土而成为桩基。

（一）特点及适用范围

人工挖孔灌注桩属于干作业成孔，成孔方法简便，设备要求低，成孔直径大，单桩承载力高，施工时无振动、无噪声，对周围环境设施影响较小；当施工人员充足的情况下可同时开挖多个桩孔，从而加快总体进度；可直接观察土层变化情况，便于观察桩孔范围的土层变化情况和清孔作业，桩孔施工质量可靠性有保证。但其劳动条件差、人工用量大、安全风险较高、单孔开挖效率低。

人工挖孔灌注桩的桩身直径除了能满足设计承载力的要求外，还应考虑人工施工操作的要求，故桩径不宜小于 800mm，一般为 800 ~ 2 000mm，桩端可采用扩底或不扩底两种方法。

（二）护壁

为确保人工挖孔桩施工过程的安全，必须采取孔壁支护措施。常用护壁形式包括现浇混凝土护壁、喷射混凝土护壁、钢筋混凝土沉井护壁、钢套管护壁、砖砌护壁等。

（三）施工工艺流程

人工挖孔桩的施工工艺流程见图 2-6 所示。

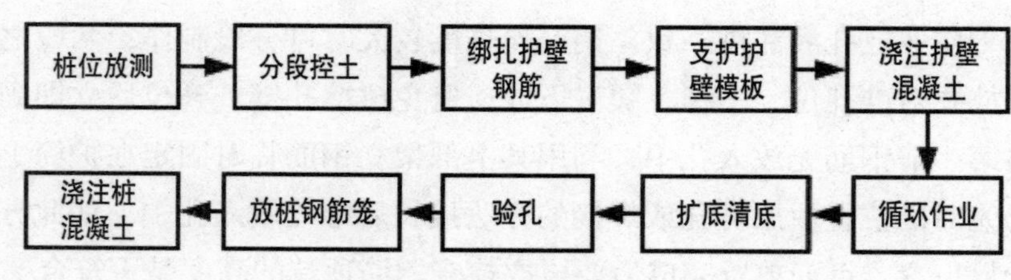

图 2-6　人工挖孔桩施工工艺流程

（四）质量控制措施

挖孔过程中，每挖深 1m，应校核桩孔直径、垂直度和中心偏差；挖孔深度由设计人员根据土层实际情况确定，一般还要在桩孔底部钻孔取样来分析研究下卧层的情况，并决定是否终止挖掘。取样孔深一般不小于三倍桩径。

四、沉管灌注桩（套管成孔灌注桩）

沉管灌注桩是利用锤击或振动的沉管方式，将带有活瓣式桩尖、圆锥形钢桩尖或钢筋混凝土桩靴的钢管沉入土中，然后边拔管边灌注混凝土而成。沉管灌注桩的桩孔通常采用挤土方式形成，即钢管沉入土中后，应将土挤向周围，钢管中不应有土，用于混凝土灌注。因此，钢管下端应安装起封闭作用的桩靴。桩靴形状应利于在土中下沉和封闭钢管下端。其中活瓣式桩尖可重复使用，成本较低；圆锥形钢桩尖和预制钢筋混凝土桩尖为一次性，尤其是钢桩尖成本较高。

（一）分类及适用范围

沉管灌注桩按沉管的施工方式可分为锤击沉管灌注桩、振动沉管灌注桩。

适用于黏性土、粉土、淤泥质土、砂土及填土；在厚度较大、灵敏度较高的淤泥和流塑状态的黏性土等软弱土层中采用时，应制定可靠的质量保证措施。振动沉管又有振动和振动—冲击两种方式。振动沉管更适合于饱和软弱土层还有中密、稍密的砂层和碎石层。在施工中要考虑挤土、噪声、振动等影响。

（二）施工流程

无论是锤击沉管还是振动沉管，其施工流程基本相同，包括以下工序，如图 2-7 所示。

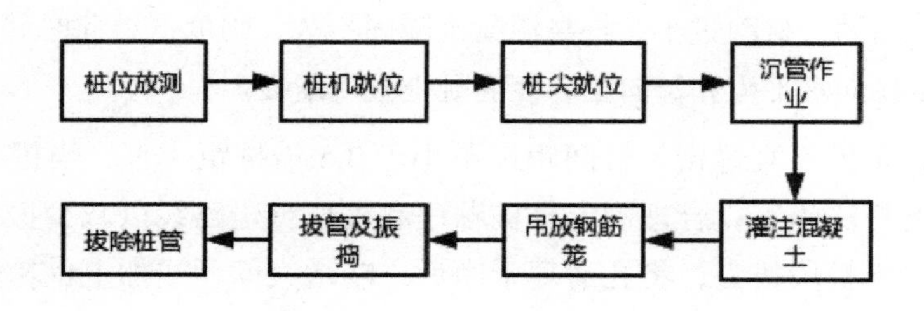

图 2-7 沉管灌注桩施工流程

（三）施工作业及技术要求

1. 沉管对位

根据桩位布点，将桩机开行就位。将桩管起吊后，将活瓣桩靴闭合，或者在桩位安放混凝土桩靴。缓慢下落桩管使其与混凝土桩靴紧密结合，或者将活瓣桩尖对准桩位，利用桩锤和桩管自重将桩尖压入土中。沉管前应检查：预制混凝土桩尖是否完好，用麻绳、草绳将连接缝隙塞实；活瓣桩靴是否可以正常操作，并且闭合严密。当桩管入土一定深度后，复核桩位是否偏移，以及桩管的垂直度。锤击沉管要检查套管与桩锤是否在同一垂直线上，套管偏斜不大于 0.5%，锤击套管时先用低锤轻击，校核无误后才可以继续沉管。

2. 沉管

在打入套管时，和打入预制桩的要求是一致的。当桩距小于四倍桩径时，应采取保证相邻桩桩身质量的技术措施，防止因挤土而使已浇筑的桩发生桩身断裂。如采用跳打方法，中间空出的桩须待邻桩混凝土达到设计强度的 50% 以后方可施打。沉管直至达到符合设计要求的贯入度或沉入标高，并应做好沉管记录。

3. 灌注混凝土

沉管结束后，要检查管内有无泥砂或水进入。确认无异常情况后，吊放钢筋笼、浇筑混凝土。混凝土灌注时，应尽量灌满套管，然后开始拔管。拔管过程中管内混凝土高度应 ≥ 2m，并高于地下水位 1.5m 以上，保证混凝土在一定压力下顺利下落和扩散，避免在管内阻塞。钢筋混凝土桩的混凝土坍落度宜为 80 ~ 100mm；素混凝土桩宜为 60 ~ 80mm。

4. 拔管及振捣

拔管速度要均匀，对一般土层以 1m/min 为宜，在软弱土层和软硬土层交界处，宜控制在 0.8m/min 以内。一次拔管不宜过高，第一次拔管高度应控制在能容纳第二次所需要灌入的混凝土量为限，拔管时应保持连续密锤低击不停，使混凝土得到振实。

（四）常见质量问题及防范措施

1. 断桩

指桩身裂缝呈水平状或略有倾斜且贯通全截面，常见于地面以下 1 ~ 3m 不同软硬土层交接处。产生原因：桩距过小，桩身混凝土凝固不久，强度低，此时邻桩沉管使土体隆起和挤压，产生横向水平力和竖向拉力使混凝土桩身断裂。

防范措施：布桩不宜过密，桩间距以不小于 3.5 倍桩距为宜；当桩身混凝土强度较低时，可采用跳打法施工；合理制定打桩顺序和桩架行走路线以减少振动的影响。断桩一经发现，应将断桩段拔去，将孔清理干净后，略增大面积或加上钢箍连接，再重新灌注混凝土。

2. 缩颈

指桩身局部直径小于设计直径，缩颈常出现在饱和淤泥质土中。产生原因：在含水量高的黏性土中沉管时，土体受到强烈扰动挤压，产生很高的孔隙水压力，桩管拔出后，这种超孔隙水压力便作用在所浇筑的混凝土桩身上，使桩身局部直径缩小；当桩间距过小，邻近桩沉管施工时挤压土体也会使所浇混凝土桩身缩颈；或施工时拔管速度过快，管内形成真空吸力，且管内混凝土量少、和易性差，使混凝土扩散性差，导致缩颈。

防范措施：在施工过程中应经常观测管内混凝土的下落情况，严格控制拔管速度，采取“慢拔密振”或“慢拔密击”的方法；在可能产生缩颈的土层施工时，采用反插法可避免缩颈。当出现缩颈时可用复打法进行处理。

3. 吊脚桩

指桩底部的混凝土隔空，或混入泥砂在桩底部形成松软层。产生原因：预制桩靴强度不足，在沉管时破损，或与桩管接缝不严密；活瓣桩尖合拢不严顶进泥砂或者拔管时没有及时张开；预制桩靴被挤入桩管内，拔管时未能及时压出而形成吊脚桩。

防范措施：严格检查预制桩靴的强度和规格，对活瓣桩尖应及时检修或更换；沉管时，在桩尖与桩管接触处缠绕麻绳或垫衬，使二者接触处封严。可用吊砣检查桩靴是否进入桩管或活瓣是否张开，当发现桩尖进水或泥砂时，可将桩管拔出，修复桩尖缝隙，用砂回填桩孔后再重新沉管。当地下水量大时，桩管沉至接近地下水位时，可灌注 0.5m 高水泥砂浆封底，将桩管底部的缝隙封住，再灌 1m 高的混凝土后，继续沉管。

第四节　桩基检测与验收

桩基工程施工完成后应进行桩位、桩长、桩径、桩身质量和单桩承载力的检验。桩身质量与桩基承载力密切相关，桩身质量有时会严重影响桩基承载力，桩身质量检测抽样率较高，费用较低，通过检测可减少桩基安全隐患，并可为判定基桩承载力提供参考。桩基工程的检验按时间顺序可分为三个阶段：施工前检验、施工过程检验和施工后检验。

一、施工前检验

（一）预制桩——包括混凝土预制桩、钢桩

1. 成品桩应按选定的标准图或设计图制作，现场应对其外观质量及桩身混凝土强度进行检验。

2. 应对接桩用焊条、压桩用压力表等材料和设备进行检验。

（二）灌注桩

1. 混凝土拌制应对原材料质量与计量、混凝土配合比、坍落度、混凝土强度等级等进行检查。

2. 钢筋笼制作应对钢筋规格，焊条规格、品种，焊口规格，焊缝长度，焊缝外观和质量，主筋和箍筋的制作偏差等进行检查。

二、施工过程检验

（一）预制桩——包括混凝土预制桩、钢桩

1. 打入（静压）深度、停锤标准、静压终止压力值及桩身（架）垂直度检查。

2. 接桩质量、接桩间歇时间及桩顶完整状况。

3. 每米进尺锤击数、最后 1.0m 锤击数、总锤击数、最后三阵贯入度及桩尖标高等。

（二）灌注桩

1. 灌注混凝土前，应对已成孔的中心位置、孔深、孔径、垂直度、孔底沉渣厚度进行检验。

2. 对钢筋笼安放的实际位置等进行检查，并填写相应质量检测、检查记录。

3. 干作业条件下成孔后应对大直径桩桩端持力层进行检验。

4. 对于沉管灌注桩施工工序的质量检查宜按前述的有关项目进行。

5. 对于挤土预制桩和挤土灌注桩，施工过程均应对桩顶和地面土体的竖向和水平位移

进行系统观测；若发现异常，应采取复打、复压、引孔、设置排水措施及调整沉桩速率等措施。

三、施工后检验

第一，桩基础施工完成后，应对其承载力、桩身质量进行检验。

第二，有下列情况之一的桩基工程，应采用静荷载试验对工程桩单桩竖向承载力进行检测：①工程施工前已进行单桩静载试验，但施工过程变更了工艺参数或施工质量出现异常时；②施工前工程未按规定进行单桩静载试验的工程；③地质条件复杂、桩的施工质量可靠性低；④采用新桩型或新工艺。

第三，有下列情况之一的桩基工程，可采用高应变动测法对工程桩单桩竖向承载力进行检测：①除采用静荷载试验对工程桩单桩竖向承载力进行检测的桩基；②设计等级为甲、乙级的建筑桩基静载试验检测的辅助检测。

第四，桩身质量除对预留混凝土试件进行强度等级检验外，尚应进行现场检测。检测方法可采用可靠的动测法，对于大直径桩还可采取钻芯法、声波透射法。

第五，对专用抗拔桩和对水平承载力有特殊要求的桩基工程，应进行单桩抗拔静载试验和水平静载试验检测。

（一）预制桩

1. 抽检样本比例要求

在施工后要对桩的承载力及桩体质量进行检验。

①预制桩的静载荷试验根数应不少于总桩数的1%，且不少于3根；当总桩数少于50根时，试验数应不少于2根。

②预制桩的桩体质量检验数量不应少于总桩数的10%，且不得少于10根。每个柱子承台下不得少于1根。

2. 材料与构件验收

钢筋混凝土预制桩在现场预制时，应对原材料、钢筋骨架、混凝土强度进行验收。工厂生产的成品桩进场要有产品合格证书，并应对构件的外观进行检查。

3. 桩位验收

打入桩（预制混凝土方桩、预应力混凝土空心桩、钢桩）的桩位偏差应符合规定。斜桩倾斜度的偏差不得大于倾斜角正切值的15%（倾斜角系桩的纵向中心线与铅垂线间夹角）。

（二）灌注桩

1. 抽检样本比例要求

①对于地基基础设计等级为甲级或地质条件复杂、成桩质量可靠性低的灌注桩，应采用静载荷试验的方法进行检验，检验桩数不应少于总数的 1%，且不应少于 3 根，当总桩数不少于 50 根时，检验桩数不应少于 2 根。

②对于地基基础设计等级为甲级或地质条件复杂、成桩质量可靠性低的灌注桩，桩身质量检验抽检数量不应少于总数的 30%，且不应少于 20 根；其他桩基工程的抽检数量不应少于总数的 20%，且不应少于 10 根；对地下水位以上且终孔后经过核验的灌注桩，检验数量不应少于总桩数的 10%，且不得少于 10 根，每个柱子承台下不得少于 1 根。

2. 材料验收

①灌注桩每灌注 $50m^3$ 应有一组试块，小于 $50m^3$ 的桩应每根桩有一组试块。

②在灌注桩施工中，应对成孔、清孔、放置钢筋笼、灌注混凝土等进行全过程检查，人工挖孔桩尚应复验孔底持力层土（岩）性。嵌岩桩必须有桩端持力层的岩性报告。

③灌注桩应对原材料、钢筋骨架、混凝土强度进行验收。

3. 成桩验收

灌注桩桩顶标高至少要比设计标高高出 0.5m。

灌注桩的沉渣厚度：当以摩擦桩为主时，不得大于 150mm；当以端承力为主时，不得大于 50mm；套管成孔的灌注桩不得有沉渣。

四、桩基竖向承载力检测——静载法

静载试验法检测的目的，是采用接近于桩的实际工作条件，通过静载加压，确定单桩的极限承载力，作为设计依据（试验桩），或对工程桩的承载力进行抽样检验和评价。

桩的静载试验有多种，如单桩竖向抗压静载试验、单桩竖向抗拔静载试验和单桩水平静载试验。单桩竖向抗压静载试验通过在桩顶加压静载，得出 Q-S（竖向荷载 - 沉降）、$S-\lg t$（沉降 - 时间对数）等一系列关系曲线，综合评定其容许承载力。

单桩竖向抗压静载试验一般采用油压千斤顶加载，千斤顶的加载反力装置可根据现场实际条件采取锚桩反力法、压重平台反力法。

（一）压重平台反力法

压重平台反力装置由钢立柱（支墩或垫木）、钢横梁、钢锭（砂袋）、油压千斤顶等组成。压重量不得少于预估试桩破坏荷载的 1.2 倍，压重应在试验开始前一次加上，并均匀稳固地放置于平台上。

（二）锚桩反力法

锚桩反力装置由 4 根锚桩、主梁、次梁、油压千斤顶等组成。锚桩反力装置能提供的反力应不小于预估最大试验荷载的 1.2 ~ 1.5 倍。

五、桩基动载法检测

静载试验可直观地反映桩的承载力和混凝土的浇筑质量，数据可靠。但试验装置复杂笨重，装、卸、操作费工费时，成本高，测试数量有限，并且易破坏桩基。

动测法试验仪器轻便灵活，检测快速，不破坏桩基，相对也较准确，费用低，可节省静载试验锚桩、堆载、设备运输、吊装焊接等大量人力、物力。在桩基础检测时，可进行低应变动测法普查，再根据低应变动测法检测结果，采用高应变动测法或静载试验，对有缺陷的桩重点抽测。

（一）低应变动测法桩基质量检测

低应变动测法是采用手锤瞬时冲击桩头，激起振动，产生弹性应力波沿桩长向下传播，如果桩身某截面出现缩颈、断裂或夹层，会产生回波反射，应力波到达桩尖后，又向上反射回桩顶，通过接收锤击初始信号及桩身、桩底反射信号，并经微机对波形进行分析，可以判定桩身混凝土强度及浇筑质量，包括缺陷性质、程度与位置，对桩身结构完整性进行检验。

根据低应变动测法测试，可将桩身完整性分为四个类别。

第一，Ⅰ类桩，桩身完整。

第二，Ⅱ类桩，桩身有轻微缺陷，不会影响桩身结构承载力的正常发挥。

第三，Ⅲ类桩，桩身有明显缺陷，对桩身结构承载力有影响。

第四，Ⅳ类桩，桩身存在严重缺陷。

一般情况下，Ⅰ、Ⅱ类桩可以满足要求；Ⅳ类桩无法使用，必须进行工程处理；Ⅲ类桩能否满足要求，由设计单位根据工程具体情况决定。

（二）高应变动测法桩基承载力检测

高应变动测法是用重锤，通过不同的落距对桩顶施加瞬时锤击力，用动态应变仪测出桩顶锤击力，用百分表测出相应的桩顶贯入度，根据实测的锤击力和相应贯入度的关系曲线与同一桩的静荷载试验曲线之间的相似性，通过相关分析求出桩的极限承载力。

进行高应变承载力检测时，锤的重量应大于预估单桩极限承载力的 1.0% ~ 1.5%，混凝土桩的桩径大于 600mm 或桩长大于 30m 时取高值。高应变检测用重锤应材质均匀、形状对称、锤底平整。高径（宽）比不得小于 1，并采用铸铁或铸钢制作。

第三章　砌体工程

第一节　砌筑砂浆

砂浆是砌体工程中不可或缺的材料。砂浆在砌体内的作用，主要是填充块体之间的空隙，并将其黏结成整体，使上层砌体的荷载能均匀地传到下面。

砌筑砂浆按材料组成不同，可分为水泥砂浆（水泥、砂、水）、混合砂浆（水泥、砂、石灰膏、水）、石灰砂浆（石灰膏、砂、水）、石灰黏土砂浆（石灰膏、黏土、砂、水）、黏土砂浆（黏土、水）。

石灰砂浆、石灰黏土砂浆、黏土砂浆强度较低，只用于临时设施的砌筑。建筑工程常用砌筑砂浆为水泥砂浆、混合砂浆。其中，水泥砂浆可用于潮湿环境中的砌体，混合砂浆宜用于干燥环境中的砌体。

一、砂浆对原材料的要求

（一）水泥

水泥品种及强度等级应根据设计要求、砌体的部位和所处环境来选择。水泥砂浆和混合砂浆采用的水泥，其强度等级不宜大于 42.5 级。

水泥进场使用前，应分批对其强度等级、安定性进行复验。检验批次应以同一生产厂家、同一编号为一批次。当在使用中对水泥质量有怀疑或水泥出厂超过 3 个月（快硬硅酸盐水泥超过 1 个月）时，应复查试验，并按其结果使用。不同品种的水泥，不得混合使用。

（二）砂

砂宜用中砂，并应过筛，其中毛石砌体宜用粗砂。砂中不应含有有害杂物。砂的含泥量：对水泥砂浆和强度等级不小于 M5 的混合砂浆不应超过 5%；强度等级小于 M5 的混合砂浆不应超过 10%。人工砂、山砂及特细砂，应经试配，要求满足砌筑砂浆技术条件。

（三）水

拌制砂浆用水的水质应符合国家现行标准，宜用饮用水。

（四）石灰膏

生石灰熟化成石灰膏时，应用孔径不大于 3mm 的网过滤，熟化时间不得少于 7d，磨细生石灰粉的熟化时间不得少于 2d。沉淀池中储存的石灰膏，应采取防止干燥、冻结和污染的措施。配制水泥石灰砂浆时，不得采用脱水硬化的石灰膏。消石灰粉不得直接用于砌筑砂浆。

（五）外加剂

凡在砂浆中掺入有机塑化剂、早强剂、缓凝剂、防冻剂等，应经检验和试配符合要求后，方可使用。有机塑化剂应有砌体强度的型式检验报告。

二、砂浆的技术要求

为便于操作，砌筑砂浆应有较好的和易性，即良好的流动性（稠度）和保水性。和易性好的砂浆能保证砌体灰缝饱满、均匀、密实，并能提高砌体强度。

（一）流动性（稠度）

砂浆的流动性是指砂浆拌和物在使用过程中是否易于流动的性能。砂浆的流动性是以稠度表示的，即以标准圆锥体在砂浆中沉入的深度来表示。沉入值越大，砂浆的稠度就越大，表明砂浆的流动性越大。一般来说，对于干燥及吸水性强的砌体，砂浆稠度应采用较大值；对于潮湿、密实、吸水性差的砌体宜采用较小值。

（二）保水性

砂浆的保水性是指砂浆拌和物保存水分不致因泌水而分层离析的性能。砂浆的保水性是以分层度来表示的，其分层度不宜大于 20mm。保水性差的砂浆，在运输过程中，容易产生泌水和离析现象，从而降低其流动性，影响砌筑。

（三）强度等级

砂浆的强度等级是用边长 70.7mm 的立方体试块，在 20℃ ±5℃及正常湿度条件下，置于室内不通风处养护 28d 的平均抗压极限强度确定的，其强度等级有 M20、M15、M10、M7.5、M5、M2.5。

三、砂浆的制备与使用

砌筑砂浆应通过试配确定配合比，配料要准确。

砌筑砂浆应采用砂浆搅拌机进行拌制。自投料完算起，搅拌时间应符合下列规定：水泥砂浆和混合砂浆不得少于 2min；掺用外加剂的砂浆不得少于 3min；掺用有机塑化剂的砂浆，应为 3 ～ 5min。

掺用外加剂时，应先将外加剂按规定浓度溶于水中，在拌和水时投入外加剂溶液，外加剂不得直接投入拌制的砂浆中。

砂浆应随拌随用，水泥砂浆和水泥混合砂浆应分别在 3h 和 4h 内使用完毕；当施工期间最高气温超过 30℃时，应分别在拌成后 2h 和 3h 内使用完毕。对掺用缓凝剂的砂浆，其使用时间可根据具体情况延长。

第二节 砖砌体施工

一、砖材料

（一）烧结普通砖

烧结普通砖是指以黏土、页岩、粉煤灰等为主要原料，经成型、焙烧而成的实心或孔洞率不大于 15% 的砖。烧结普通砖按所用原材料不同，可分为黏土砖（N）、页岩砖（Y）、煤矸石砖（M）、粉煤灰砖（F）、建筑渣土砖（Z）、淤泥砖（U）、污泥砖（W）、固体废弃物砖（G）等；按生产工艺不同，可分为烧结砖和非烧结砖；按有无空洞，可分为空心砖和实心砖。烧结普通砖按抗压强度划分，可分为 MU30、MU25、MU20、MU15 和 MU10 五个强度等级。

（二）烧结多孔砖

烧结多孔砖即竖孔空心砖，是以黏土、页岩、煤矸石为主要原料，经焙烧而成的主要用于承重部位的多孔砖，其孔洞率在 20% 左右。烧结多孔砖按主要原料划分，可分为黏土砖（N）、页岩砖（Y）、煤矸石砖（M）、粉煤灰砖（F）、淤泥砖（U）、固体废弃物砖（G）。烧结多孔砖按抗压强度划分，可分为 MU30、MU25、MU20、MU15 和 MU10 五个强度等级。

（三）烧结空心砖

烧结空心砖是以黏土、页岩、粉煤灰、煤矸石等为主要原料，经焙烧而成的孔洞率大于或等于 35% 的砖。其自重较轻、强度低，主要用于非承重墙和填充墙体。孔洞多为矩形孔或其他孔形，数量少而尺寸大，孔洞平行于受压面。烧结空心砖根据抗压强度划分，可分为 MU10.0、MU7.5、MU5.0 和 MU3.5 四个强度等级。

（四）蒸压蒸养砖

蒸压蒸养砖（又称硅酸盐砖）是以硅质材料和石灰为主要原料，必要时加入集料和适量石膏，经压制成型，湿热处理制成的建筑用砖。根据所用硅质材料不同，蒸压蒸养砖可分为蒸压灰砂砖、蒸压粉煤灰砖、炉渣砖等。

1. 蒸压灰砂砖

蒸压灰砂砖是以石灰和砂为主要原料，经坯料制备、压制成型、蒸压养护而成的实心砖。根据抗压强度及抗折强度，蒸压灰砂砖的强度等级分为 MU25、MU20、MU15 和 MU10 四个等级。

2. 蒸压粉煤灰砖

蒸压粉煤灰砖是以粉煤灰和石灰为主要原料，配以适量的石骨和炉渣，加水拌和后压制成型，经常压或高压蒸汽养护而制成的实心砖。根据抗压强度及抗折强度，蒸压粉煤灰砖的强度等级可分为 MU30、MU25、MU20、MU15 和 MU10 五个等级。

3. 炉渣砖

炉渣砖是以煤燃烧后的残渣为主要原料，配以一定数量的石灰和少量石膏，经加水搅拌混合、压制成型、蒸养或蒸压养护而制成的实心砖。根据抗压强度，炉渣砖可分为 MU25、MU20 和 MU15 三个强度等级。

二、砖墙的砌筑形式

普通砖墙的砌筑形式有全顺、两平一侧、全丁、一顺一丁、梅花丁或三顺一丁的砌筑形式。

（一）全顺

各皮砖均顺砌，上、下皮垂直灰缝相互错开半砖长（120mm），适合砌半砖厚（115mm）墙。

（二）两平一侧

两皮顺砖与一皮侧砖相间，上、下皮垂直灰缝相互错开 1/4 砖长（60mm）以上，适合砌 3/4 砖厚（178mm）墙。

（三）全丁

各皮砖均丁砌，上、下皮垂直灰缝相互错开 1/4 砖长，适合砌一砖厚（240mm）墙。

（四）一顺一丁

一皮顺砖与一皮丁砖相间，上、下皮垂直灰缝相互错开 1/4 砖长，适合砌一砖及一砖以上厚墙。

（五）梅花丁

同皮中顺砖与丁砖相间，丁砖的上、下均为顺砖，并位于顺砖中间，上、下皮垂直灰缝相互错开 1/4 砖长，适合砌一砖厚墙。

（六）三顺一丁

三皮顺砖与一皮丁砖相间，顺砖与顺砖上、下皮垂直灰缝相互错开 1/2 砖长；顺砖与丁砖上、下皮垂直灰缝相互错开 1/4 砖长。其适合砌一砖及一砖以上厚墙。

三、砌筑准备与砌筑工艺

砌筑砖砌体时，砖应提前 1 ~ 2d 浇水湿润，以免砖过多吸收砂浆中的水分而影响其黏结力，同时可除去砖面上的粉末。烧结多孔砖的含水率应控制在 10% ~ 15%；灰砂砖、煤渣砖的含水率应控制在 5% ~ 8%。

砖砌体的施工过程通常有抄平、放线、摆砖、立皮数杆、盘角、挂线、砌筑墙身、勾缝等工序。

（一）抄平

砌砖墙前，先在基础面或楼面上按标准水准点定出各层标高，并用水泥砂浆或 C10 细石混凝土找平。

（二）放线

依据施工现场龙门板上的轴线定位钉拉通线，并沿通线挂线坠，将墙轴线引测到基础面上，再以轴线为标准弹出墙边线，并定出门窗洞口的平面位置。

（三）摆砖

摆砖是指在放线的基面上按选定的组砌方式用干砖试摆，摆砖时由一个大角摆到另一个大角，砖与砖留 10mm 缝隙，目的是校对所放出的墨线在门窗洞口、附墙垛等处是否符合砖的模数，以尽可能减少砍砖，并使砌体灰缝均匀、组砌得当。山墙、檐墙一般采用“山丁檐跑”，即在房屋外纵墙（檐墙）方向摆顺砖，在外横墙（山墙）方向摆丁砖。

（四）立皮数杆

皮数杆是指在其上画有每皮砖厚、灰缝厚以及门窗洞口的下口、窗台、过梁、圈梁、楼板、大梁、预埋件等标高位置的一种木制标杆，它是在砌墙过程中控制砌体竖向尺寸和各种构配件设置标高的主要依据。

皮数杆一般设置在墙体操作面的另一侧，立于建筑物的四个大角处、内外墙交接处、楼梯间及洞口较多的地方，并从两个方向设置斜撑或用锚钉加以固定，以确保垂直和牢固。皮数杆的间距为 10 ~ 15m，间距超过时中间应增设皮数杆。支设皮数杆时，要统一进行找平，使皮数杆上的各种构件标高与设计要求一致。每次开始砌砖前，均应检查皮数杆的垂直度和牢固性，以防有误。

（五）盘角

盘角又称立头角，是指墙体正式砌砖前，在墙体的转角处由高级瓦工先砌起，并始终高于周围墙面 4 ~ 6 皮砖，作为整片墙体控制垂直度和标高的依据。盘角的质量直接影响墙体施工质量，因此必须严格按皮数杆标高控制墙面高度和灰缝厚度，做到墙角方正、墙面顺直、方位准确、每皮砖的顶面近似水平，并要“三皮一靠，五皮一吊”，确保盘角质量。

（六）挂线

挂线是指以盘角的墙体为依据，在两个盘角中间的墙外侧挂通线。挂线应用尼龙线或棉线绳拴砖，拉紧，使线绳水平、无下垂。墙身过长时，除在中间除设置皮数杆外，还应砌一块“腰线砖”或再加一个细铁丝揽线棍，用以固定挂通的准线，使之不下垂和内外移动。盘角处的通线是靠墙角的灰缝卡挂的，为避免通线陷入水平灰缝，应采用不超过 1mm 厚的小别棍（用小竹片或包装用薄钢板片）别在盘角处墙面与通线之间。

（七）砌筑墙身

铺灰砌砖的操作方法很多，常用的方法有“三一”砌筑法和铺浆法。砌筑方法宜采用“三一”砌筑法，即“一铲灰、一块砖、一揉挤”的操作方法。并随手将挤出的砂浆刮去的砌筑方法。该方法易使灰缝饱满、黏结力好、墙面整洁，故宜用此方法砌砖，尤其是对抗震设防的工程。当采用铺浆法砌筑时，铺浆长度不得超过 750mm；当气温超过 30℃时，铺浆长度不得超过 500mm。

（八）勾缝

勾缝具有保护墙面并增加墙面美观的作用，是砌清水墙的最后一道工序。清水墙砌筑应随砌随勾缝，一般深度以 6 ~ 8mm 为宜，缝深浅应一致，并应清扫干净。勾缝宜用 1∶1.5 的水泥砂浆，应用细砂，也可用原浆勾缝。

四、砌筑的基本规定和质量要求

（一）砌筑的基本规定

①用于清水墙、柱表面的砖，应边角整齐，色泽均匀。②有冻胀环境和条件的地区，地面以下或防潮层以下的砌体，不宜采用多孔砖。③砌筑砖砌体时，砖应提前 1 ~ 2d 浇水湿润。④采用铺浆法砌筑时，铺浆长度不得超过 750mm；施工期间若气温超过 30℃，铺浆长度不得超过 500mm。⑤ 240mm 厚承重墙的每层墙的最上一皮砖，砖砌体的台阶水平面上及挑出层，应整砖丁砌。⑥砖过梁底部的模板，在灰缝砂浆强度不低于设计强度的 50% 时方可拆除。⑦多孔砖的孔洞应垂直于受压面砌筑。⑧施工时施砌的蒸压（养）砖的产品龄期不应小于 28d。⑨预留孔洞及预埋件留置应符合下列要求：

第一，设计要求的洞口、管道、沟槽，应在砌筑时按要求预留或预埋，未经设计单位同意，不得打凿墙体和在墙体上开凿水平沟槽。超过 300mm 的洞口上部应设过梁。

第二，砌体中的预埋件应做防腐处理，预埋木砖的木纹应与钉子垂直。

第三，在墙上留置临时施工洞口，其侧边离交接处墙面不应小于 500mm，洞口净宽度不应超过 1m，洞顶部应设置过梁。抗震设防烈度为 9 度的地区，建筑物的临时施工洞口位置应会同设计单位确定。临时施工洞口应做好补砌。

第四，预留外窗洞口位置应上、下挂线，保持上、下楼层洞口位置垂直；洞口尺寸应准确。

（二）砌筑的质量要求

砌筑质量应做到“横平竖直、砂浆饱满、组砌得当、接槎可靠”。

1. 横平竖直

砖砌体主要承受垂直力，为使砖砌筑时横平竖直、均匀受压，要求砌体的水平灰缝应平直、竖向灰缝应垂直对齐，不得游丁走缝。

2. 砂浆饱满

砂浆层的厚度和饱满度对砖砌体的抗压强度影响很大，这就要求砌体灰缝应符合下列要求：

①砖砌体的灰缝应横平竖直、厚薄均匀。水平灰缝厚度和竖向灰缝宽度宜为 10mm，但不应小于 8mm，也不应大于 12mm。砌筑方法宜采用“三一”砌砖法，即“一铲灰、一块砖、一揉挤”的操作方法。竖向灰缝宜采用挤浆法或加浆法，使其砂浆饱和，严禁用水冲浆灌缝。如采用铺浆法砌筑，铺浆长度不得超过 750mm。施工期间气温超过 30℃时，铺浆长度不得超过 500mm。水平灰缝的砂浆饱满度不得低于 80%；竖向灰缝不得出现透明缝、瞎缝和假缝。

②清水墙面不应有上、下二皮砖搭接长度小于 25mm 的通缝，不得有三分头砖，不得在上部随意变活乱缝。

③空斗墙的水平灰缝厚度和竖向灰缝宽度一般为 10mm，但不应小于 7mm，也不应大于 13mm。

④筒拱拱体灰缝应全部用砂浆填满，拱底灰缝宽度宜为 5 ~ 8mm，筒拱的纵向缝应与拱的横断面垂直。筒拱的纵向两端不宜砌入墙内。

⑤为保持清水墙面立缝垂直一致，当砌至一步架子高时，应每隔 2m 水平间距，在丁砖竖缝位置弹两道垂直线，以控制游丁走缝。

⑥清水墙勾缝应采用加浆勾缝，勾缝砂浆宜采用细砂拌制的 1 : 1.5 水泥砂浆。勾凹缝时深度为 4 ~ 5mm，多雨地区或多孔砖可采用稍浅的凹缝或平缝。

⑦砖砌平拱过梁的灰缝应砌成楔形缝。灰缝宽度：在过梁底面不应小于 5mm；在过梁

的顶面不应大于 15mm。

⑧拱脚下面应伸入墙内不小于 20mm，拱底应有 1% 起拱。

⑨砌体的伸缩缝、沉降缝、防震缝中，不得夹有砂浆、碎砖和杂物等。

3. 组砌得当

为提高砌体的整体性、稳定性和承载力，砖块排列应遵守上、下错缝的原则，避免垂直通缝出现，错缝或打砌长度一般不小于 60mm。为满足错缝要求，实心墙体组砌时，一般采用一顺一丁、三顺一丁和梅花丁的砌筑形式。

4. 接槎可靠

接槎是指墙体临时间断处的接合方式，一般有斜槎和直槎两种方式。砌体留槎及拉结筋应符合下列要求：

①砖砌体的转角处和交接处应同时砌筑，严禁无可靠措施的内外墙分砌施工。对不能同时砌筑而又必须留置的临时间断处，应砌成斜槎，斜槎水平投影长度不应小于高度的 2/3。

②非抗震设防及抗震设防烈度为 6 度、7 度地区的临时间断处，当不能留斜槎时，除转角处外，可留直槎，但直槎必须做成凸槎。留直槎处应加设拉结钢筋，拉结钢筋的数量为每 120mm 墙厚放置 $1\phi6$ 拉结钢筋（120mm 厚墙放置 $2\phi6$ 拉结钢筋），间距沿墙高不应超过 500mm；埋入长度从留槎处算起，每边均不应小于 500mm，对抗震设防烈度为 6 度、7 度的地区，不应小于 1 000mm；末端应有 90° 弯钩。

③多层砌体结构中，后砌的非承重砌体隔墙，应沿墙高每隔 500mm 配置 $2\phi6$ 的钢筋与承重墙或柱拉结，每边伸入墙内不应小于 500mm。抗震设防烈度为 8 度和 9 度的地区，长度大于 5m 的后砌隔墙的墙顶，尚应与楼板或梁拉结。隔墙砌至梁板底时，应留一定空隙，间隔一周后再补砌挤紧。

第三节　石砌体施工

一、石砌体材料

第一，石砌体所用的石材应质地坚实，无风化剥落和裂纹。用于清水墙、柱表面的石材，还应色泽均匀。石材表面的泥垢、水锈等杂质，砌筑前应清除干净。砌筑用石有毛石和料石两类。

①毛石分为乱毛石和平毛石。乱毛石是指形状不规则的石块；平毛石是指形状不规

则，但有两个平面大致平行的石块。毛石应呈块状，其中部厚度不应小于 200mm。②料石按其加工面的平整程度划分，可分为细料石、粗料石和毛料石三种。料石的宽度、厚度均不宜小于 200mm，长度不宜大于厚度的四倍。

第二，砌体所用石材的强度等级包括 MU100、MU80、MU60、MU50、MU40、MU30、MU20、MU15 和 MU10。

二、砌筑施工要求

（一）毛石砌体施工要求

1. 毛石基础

毛石基础用乱毛石或平毛石与水泥混合砂浆或水泥砂浆砌成。

①砌第一皮毛石时，应选用有较大平面的石块，先在基坑底铺设砂浆，再将毛石砌上，并使毛石的大面向下。

②砌第一皮毛石时，应分皮卧砌，并应上、下错缝，内外搭砌，不得采用先砌外面石块后中间填心的砌筑方法。石块间较大的空隙应先填塞砂浆，后用碎石嵌实，不得采用先摆碎石后塞砂浆或干填碎石的方法。

③砌筑第二皮及以上各皮时，应采用坐浆法分层卧砌。砌石时首先铺好砂浆，砂浆不必铺满，可随砌随铺，在角石和面石处，坐浆略厚些，再砌上石块将砂浆挤压成要求的灰缝厚度。

④砌石时搬取石块应根据空隙大小、槎口形状选用合适的石料先试砌、试摆一下，尽量使缝隙减少、接触紧密。但石块之间不能直接接触形成干研缝，同时应避免石块之间形成空隙。

⑤砌石时，大、中、小毛石应搭配使用，以免将大块都砌在一侧，而另一侧全用小块，造成两侧不均匀，使墙面不平衡而产生倾斜。

⑥砌石时，先砌里外两面，长短搭砌，后填砌中间部分，但不允许将石块侧立砌成立斗石，也不允许先把里外皮砌成长向两行（牛槽状）。

⑦毛石基础每 0.7m^2 且每皮毛石内间距不大于 2m 设置一块拉结石，上、下两皮拉结石的位置应错开，立面应砌成梅花形。拉结石宽度：如基础宽度等于或小于 400mm，拉结石宽度应与基础宽度相等；如基础宽度大于 400mm，可用两块拉结石内外搭接，搭接长度不应小于 150mm，且其中一块长度不应小于基础宽度的 1/2。

2. 毛石墙

毛石墙第一皮及转角处、交接处和洞口处，应用较大的平毛石砌筑；每个楼层墙体的最上一皮，宜用较大的毛石砌筑。

毛石墙每日砌筑高度不应超过1.2m。在毛石和实心砖的组合墙中，毛石砌体与砖砌体应同时砌筑，并每隔4～6皮砖用2～3皮丁砖与毛石砌体拉结砌合；两种砌体之间的空隙应用砂浆填满。

（二）料石砌体施工要求

1. 料石基础砌筑

（1）砌筑准备

①放好基础的轴线和边线，测出水平标高，立好皮数杆。皮数杆间距以不大于15m为宜，在料石基础的转角处和交接处均应设置皮数杆。

②砌筑前，应将基础垫层上的泥土、杂物等清除干净，并浇水湿润。

③拉线检查基础垫层表面标高是否符合设计要求。第一皮水平灰缝厚度超过20mm时，应用细石混凝土找平，不得用砂浆或在砂浆中掺碎砖或碎石代替。

④常温施工时，砌石前1d应将料石浇水湿润。

（2）砌筑要点

①料石基础宜用粗料石或毛料石与水泥砂浆砌筑。料石的宽度、厚度均不宜小于200mm，长度不宜大于厚度的四倍。料石强度等级应不低于M20，砂浆强度等级应不低于M5。

②料石基础砌筑前，应清除基槽底杂物；在基槽底面上弹出基础中心线及两侧边线；在基础两端立起皮数杆，在两皮数杆之间拉准线，依准线进行砌筑。

③料石基础的第一皮石块应坐浆砌筑，即先在基槽底摊铺砂浆，再将石块砌上，所有石块应丁砌，以后各皮石块应铺灰挤砌，上、下错缝，搭砌紧密，上、下皮石块竖缝应相互错开不小于石块宽度的1/2。料石基础立面组砌形式宜采用一顺一丁，即一皮顺石与一皮丁石相间。

④阶梯形料石基础，上级阶梯的料石至少压砌下级阶梯料石的1/3。料石基础的水平灰缝厚度和竖向灰缝宽度不宜大于20mm。灰缝中砂浆应饱满。

⑤料石基础宜先砌转角处或交接处，再依准线砌中间部分，临时间断处应砌成斜槎。

2. 料石墙砌筑

料石墙用料石与水泥混合砂浆或水泥砂浆砌成。料石用毛料石、粗料石、半细料石、细料石均可。

（1）砌筑准备

①基础通过验收，土方回填完毕，并办完隐检手续。

②在基础丁面放好墙身中线与边线及门窗洞口位置线，测出水平标高，立好皮数杆。

皮数杆间距以不大于 15m 为宜，在料石墙体的转角处和交接处均应设置皮数杆。

③砌筑前，应将基础顶面的泥土、杂物等清除干净，并浇水湿润。

④拉线检查基础顶面标高是否符合设计要求。第一皮水平灰缝厚度超过 20mm 时，应用细石混凝土找平，不得用砂浆或在砂浆中掺碎砖或碎石代替。

⑤常温施工时，砌石前 1d 应将料石浇水湿润。

⑥操作用脚手架、斜道以及水平、垂直防护设施已准备妥当。

（2）砌筑要点

①料石砌筑前，应在基础丁面上放出墙身中线、边线及门窗洞口位置线，并抄平，立皮数杆，拉准线。

②料石砌筑前，必须按照组砌图将料石试排妥当后，才能开始砌筑。

③料石墙应双面拉线砌筑，全顺叠砌单面挂线砌筑。先砌转角处和交接处，后砌中间部分。

④料石墙的第一皮及每个楼层的最上一皮应丁砌。

⑤料石墙采用铺浆法砌筑。料石灰缝厚度：毛料石和粗料石墙砌体不宜大于 20mm，细料石墙砌体不宜大于 5mm。砂浆铺设厚度略高于规定灰缝厚度，其高出厚度：细料石为 3 ~ 5mm，毛料石、粗料石宜为 6 ~ 8mm。

⑥砌筑时，应先将料石里口落下，再慢慢移动就位，进行垂直与水平校正。在料石砌块校正到正确位置后，顺石面将挤出的砂浆清除，然后向竖缝中灌浆。

⑦在料石和砖的组合墙中，料石墙和砖墙应同时砌筑，并每隔 2 ~ 3 皮料石用丁砌石与砖墙拉结砌合，丁砌石的长度宜与组合墙厚度相等。

⑧料石墙宜从转角处或交接处开始砌筑，再依准线砌中间部分，临时间断处应砌成斜槎，斜槎长度应不小于斜槎高度。料石墙每日砌筑高度不宜超过 1.2m。

3. 料石柱砌筑

料石柱用半细料石或细料石与水泥混合砂浆或水泥砂浆砌成。料石柱有整石柱和组砌柱两种。整石柱每一皮料石是整块的，即料石的叠砌面与柱断面相同，只有水平灰缝，无竖向灰缝。组砌柱每皮由几块料石组砌，上、下皮竖缝相互错开。

①砌筑料石柱前，应在柱座面上弹出柱身边线，在柱座侧面弹出柱身中心线。

②整石柱所用石块的四侧应弹出石块中心线。

③砌筑整石柱时，应将石块的叠砌面清理干净。先在柱座面上抹一层水泥砂浆，厚约 10mm，再将石块对准中心线砌上，以后各皮石块砌筑应先铺好砂浆，对准中心线，将石块砌上。石块如有竖向偏斜，可用铜片或铝片在灰缝边缘内垫平。

④砌筑料石柱时，应按规定的组砌形式逐皮砌筑，上、下皮竖缝相互错开，无通天缝，不得使用垫片。

⑤灰缝要横平竖直。灰缝厚度：细料石柱不宜大于5mm；半细料石柱不宜大于10mm。砂浆铺设厚度应略高于规定灰缝厚度，其高出厚度为3 ~ 5mm。

⑥砌筑料石柱，应随时用线坠检查整个柱身的垂直度，如有偏斜，应拆除重砌，不得用敲击的方法去纠正。

⑦料石柱每天砌筑高度不宜超过1.2m。砌筑完后应立即加以围护，严禁碰撞。

4. 料石平拱

用料石做平拱，应按设计要求加工。如设计无规定，则料石应加工成楔形，斜度应预先设计，拱两端部的石块，在拱脚处坡度以60° 为宜。平拱石块数应为单数，厚度与墙厚相等，高度为二皮料石高。拱脚处斜面应修整加工，使拱石相互吻合。

砌筑时，应先支设模板，并从两边对称地向中间砌。正中一块锁石要挤紧。所用砂浆强度等级不应低于M10，灰缝厚度宜为5mm。

养护到砂浆强度达到其设计强度的70%以上时，才可拆除模板。

5. 料石过梁

用料石过梁，如设计无规定，过梁的高度应为200 ~ 450mm，过梁宽度与墙厚相同。过梁净跨度不宜大于1.2m，两端各伸入墙内长度不应小于250mm。

过梁上砌墙时，其正中石块长度不应小于过梁净跨度的1/3，其两旁应砌不小于2/3过梁净跨度的料石。

第四节　砌块砌体施工

一、砌块材料

砌块是以混凝土或工业废料做原料制成的实心或空心块材。它具有自重轻、机械化和工业化程度高、施工速度快、生产工艺和施工方法简单且可大量利用工业废料等优点，因此，用砌块代替烧结普通砖是墙体改革的重要途径。

砌块按形状划分，可分为实心砌块和空心砌块两种；按制作原料划分，可分为粉煤灰、加气混凝土、混凝土、硅酸盐、石膏砌块等数种；按规格划分，可分为小型砌块、中型砌块和大型砌块。砌块高度在115 ~ 380mm的称为小型砌块；高度在380 ~ 980mm的称为中型砌块；高度大于980mm的称为大型砌块。目前，在工程中多采用中小型砌块，各地区生产的砌块规格不一，用于砌筑的砌块外观、尺寸和强度应符合设计要求。

（一）普通混凝土小型空心砌块

普通混凝土小型空心砌块是以水泥、砂、石等普通混凝土材料制成的混凝土砌块，空心率为25% ~ 50%，主要规格尺寸为390mm × 190mm × 190mm，适合人工砌筑。其强度高、自重轻、耐久性好、外形尺寸规整，有些还具有美化饰面以及良好的保温隔热性能，适用范围广泛。

（二）轻集料混凝土小型空心砌块

轻集料混凝土小型空心砌块是以浮石、火山渣、炉渣、自然煤矸石、陶粒为集料制作的混凝土空心砌块，简称轻集料混凝土小砌块。

（三）粉煤灰砌块

粉煤灰砌块又称粉煤灰硅酸盐砌块，是以粉煤灰、石灰、石膏和炉渣等集料为原料，按照一定比例加水搅拌，振动成型，再经蒸汽养护而制成的密实砌块。

粉煤灰砌块常用规格尺寸为880mm × 380mm × 40mm或880mm × 430mm × 240mm。砌块的端面应加灌浆槽，坐浆面（又称铺灰面）宜设抗剪槽。

（四）粉煤灰小型空心砌块

粉煤灰小型空心砌块是以粉煤灰、水泥及各种轻、重集料加水经拌和制成的小型空心砌块。其中，粉煤灰用量不应低于原材料质量的10%，生产过程中也可加入适量的外加剂调节砌块的性能。

粉煤灰小型空心砌块按孔的排数划分，可分为单排孔、双排孔、三排孔和四排孔四种类型。其常用规格尺寸为390mm × 190mm × 190mm，其他规格尺寸可由供需双方协商确定。

二、砌筑准备与施工工艺

（一）施工准备

运到现场的小型砌块应分规格、分等级堆放，堆垛上应设标记，堆放现场必须平整，并做好排水工作。小型砌块的堆放高度不宜超过1.6m，堆垛之间应保持适当的通道。

基础施工前，应用钢尺校核建筑物的放线尺寸。

砌筑基础前，应对基坑（或基槽）进行检查，符合要求后，方可开始砌筑基础。

普通混凝土小砌块不宜浇水；当天气干燥炎热时，可在小砌块上喷水将其稍加润湿；轻集料混凝土小砌块可洒水，但不宜过多。

（二）小型砌块砌体施工工艺

小型砌块砌体的施工过程通常包括铺灰、砌块吊装就位、校正、灌缝、镶砖等工艺。

1. 铺灰

砌块墙体所采用的砂浆应具有较好的和易性；砂浆稠度宜为 50 ~ 80mm；铺灰应均匀平整，长度一般不超过 5m，炎热天气及严寒季节应适当予以缩短。

2. 砌块吊装就位

砌块的吊装一般按施工段依次进行，其次序为先外后内、先远后近、先下后上，在相邻施工段之间留阶梯形斜槎。吊装砌块一般用摩擦式夹具，夹砌块时应避免偏心。砌块就位时，应使夹具中心尽可能与墙身中心线在同一垂直线上，对准位置徐徐下落于砂浆层上，待砌块安放稳定后，方可松开夹具。

3. 校正

砌块吊装就位后，用线坠或托线板检查砌块的垂直度，用拉准线的方法检查砌块的水平度。校正时可用人力轻微推动砌块或用撬杠轻轻撬动砌块。

4. 灌缝

采用砂浆灌竖缝，两侧用夹板夹住砌块，超过 30mm 宽的竖缝采用不低于 C20 的细石混凝土灌缝，收水后进行嵌缝，即原浆勾缝。此后，一般不应再撬动砌块，以防破坏砂浆的黏结力。

5. 镶砖

砌块排列尽量不镶砖或少镶砖，必须镶砖时，应用整砖平砌，且要尽量分散，镶砌砖的强度等级不应小于砌块强度等级。砌筑空心砌块之前，在地面或楼面上先砌三皮实心砖（厚度不小于 200mm），空心砖墙砌至梁或板底最后一皮时，选用顶砖镶砌。

三、砌筑施工要求

1. 立皮数杆。应在建筑物四角或楼梯间转角处设置皮数杆，皮数杆间距不宜超过 15m，皮数杆上画出小型砌块高度、水平灰缝的厚度以及砌体中其他构件标高位置。相对两皮数杆之间拉准线，依准线砌筑。

2. 小型砌块应底面朝上反砌。

3. 小型砌块应对孔错缝搭砌。当因个别情况无法对孔砌筑时，普通混凝土小型砌块的搭接长度不应小于 90mm，轻集料混凝土小型砌块的搭接长度不应小于 120mm；当不能保证此规定时，应在水平灰缝中设钢筋网片或设拉结筋，网片或钢筋的长度不应小于 700mm。

4. 小型砌块应从转角或定位处开始，内外墙同时砌筑，纵、横墙交错连接。墙体临时间断处应砌成斜槎，斜槎长度不应小于高度的 2/3（一般按一步脚手架高度控制）；如留斜槎有困难，除外墙转角处、抗震设防地区及墙体临时间断处不应留直槎外，可以从墙面伸出 200mm 砌成阴阳槎，并沿墙高每三皮砌块（600mm）设拉结筋或钢筋网片，接槎部位宜延至门窗洞口。

5. 小型砌块外墙转角处，应用小型砌块隔皮交错搭砌，小型砌块端面外露处用水泥砂浆补抹平整。小型砌块内外墙 T 形交接处，应隔皮加砌两块 290mm × 190mm × 190mm 的辅助规格小型砌块，辅助小型砌块位于外墙上，开口处对齐。

6. 小型砌块砌体的灰缝应横平竖直，全部灰缝应填满砂浆；水平灰缝的砂浆饱满度不得低于 90%；竖向灰缝的砂浆饱满度不得低于 80%。砌筑中不得出现瞎缝、透明缝。

7. 小型砌块的水平灰缝厚度和竖向灰缝宽度应控制在 8 ~ 12mm。砌筑时，铺灰长度不得超过 800mm，严禁用水冲浆灌缝。

8. 当缺少辅助规格小型砌块时，墙体通缝不应超过两皮砌块。

9. 承重墙体不得采用小型砌块与烧结砖等其他块材混合砌筑。严禁使用断裂小型砌块或壁肋中有竖向凹形裂缝的小型砌块砌筑承重墙体。

10. 对设计规定的洞口、管道、沟槽和预埋件等，应在砌筑时预留或预埋，严禁在砌好的墙体上打凿。在小砌块墙体中不得预留水平沟槽。

11. 小型砌块砌体内不宜设脚手眼。如必须设置，可用 190mm × 190mm × 190mm 小型砌块侧砌，利用其孔洞做脚手眼，砌筑完后用 C15 混凝土填实脚手眼。

12. 施工中需要在砌体中设置的临时施工洞口，其侧边离交接处的墙面不应小于 600mm，并在洞口顶部设过梁，填砌施工洞口的砌筑砂浆强度等级应提高一级。

13. 砌体相邻工作段的高度差不得大于一个楼层高或 4m。

14. 在常温条件下，普通混凝土小型砌块日砌筑高度应控制在 1.8m 以内；轻集料混凝土小型砌块日砌筑高度应控制在 2.4m 以内。

第五节　砌体冬期施工

一、砌体冬期施工要求

1. 当室外日平均气温连续 5d 稳定低于 5℃时，砌体工程应采取冬期施工措施。需要注意的是：气温根据当地气象资料确定；冬期施工期限以外，当日最低气温低于 0℃时，也应按规定执行。

2. 冬期施工的砌体工程质量验收除应符合本地区要求外，还应符合现行行业标准。

3. 砌体工程冬期施工应有完整的冬期施工方案。

4. 冬期施工所用材料应符合下列规定：

第一，石灰膏、电石膏等应采取防冻措施，如遭冻结，应经熔化后使用；

第二，拌制砂浆用砂，不得含有冰块和大于 10mm 的冻结块；

第三，砌体用块体不得遭水浸冻。

5. 冬期施工砂浆试块的留置，除应满足常温规定要求外，还应增加 1 组与砌体同条件养护的试块，用于检验转入常温 28d 的强度。如有特殊需要，可另外增加相应龄期的同条件养护试块。

6. 地基土有冻胀性时，应在未冻的地基上砌筑，并应防止在施工期间和回填土前地基受冻。

7. 冬期施工中，砖、小砌块浇（喷）水湿润应符合下列规定：

第一，烧结普通砖、烧结多孔砖、蒸压灰砂砖、蒸压粉煤灰砖、烧结空心砖、吸水率较大的轻集料混凝土小型空心砌块在气温高于 0℃条件下砌筑时，应浇水湿润；在气温不高于 0℃条件下砌筑时，可不浇水，但必须增大砂浆稠度。

第二，普通混凝土小型空心砌块、混凝土多孔砖、混凝土实心砖及采用薄灰砌筑法的蒸压加气混凝土砌块施工时，不应对其浇（喷）水湿润。

第三，抗震设防烈度为 9 度的建筑物，当烧结普通砖、烧结多孔砖、蒸压粉煤灰砖、烧结空心砖无法浇水湿润时，如无特殊措施，不得砌筑。

8. 拌和砂浆时水的温度不得超过 80℃，砂的温度不得超过 40℃。

9. 采用砂浆掺外加剂法、暖棚法施工时，砂浆使用温度不应低于 5℃。

10. 采用暖棚法施工，块体在砌筑时的温度不应低于 5℃，距离所砌的结构底面 0.5m 处的棚内温度也不应低于 5℃。

二、砌体冬期施工常用方法

砌体冬期施工常用方法有掺盐砂浆法、冻结法和暖棚法。

（一）掺盐砂浆法

掺盐砂浆法是在砂浆中掺入一定数量的氯化钠（单盐）或氯化钠加氯化钙（双盐），以降低冰点，使砂浆中的水分在低于0℃一定范围内不冻结。这种方法施工简便、经济、可靠，是砌体工程冬期施工中广泛采用的方法。掺盐砂浆的掺盐量应符合规定。当设计无要求且最低气温≤ −15℃时，砌筑承重砌体的砂浆强度等级应按常温施工提高一级。配筋砌体不得采用掺盐砂浆法施工。

（二）冻结法

冻结法采用不掺外加剂的水泥砂浆或水泥混合砂浆砌筑砌体，允许砂浆遭受冻结。砂浆解冻时，当气温回升至 0℃以上后，砂浆继续硬化，但此时的砂浆经过冻结、融化、再硬化以后，其强度及与砌体的黏结力都有不同程度的下降，且砌体在解冻时变形大，对于空斗墙、毛石墙、承受侧压力的砌体、在解冻期间可能受到振动或动力荷载的砌体、在解冻期间不允许发生沉降的砌体（如筒拱支座），不得采用冻结法。冻结法施工，当设计无要求且日最低气温＞ –25℃时，砌筑承重砌体的砂浆强度等级应按常温施工提高一级；当日最低气温≤ –25℃时，应提高两级。砂浆强度等级不得小于 M2.5，重要结构砂浆强度等级不得小于 M5。为保证砌体在解冻时正常沉降，冻结法施工还应符合下列规定：

1. 每日砌筑高度及临时间断的高度差，均不得大于 1.2m；

2. 门窗框的上部应留出不小于 5mm 的缝隙；

3. 砌体水平灰缝厚度不宜大于 10mm；

4. 留置在砌体中的洞口和沟槽等，宜在解冻前填砌完毕，解冻前应清除结构的临时荷载；

5. 在冻结法施工的解冻期间，应经常对砌体进行观测和检查，如发现裂缝、不均匀沉降等情况，应立即采取加固措施。

（三）暖棚法

暖棚法是利用简易结构和低价的保温材料，将需要砌筑的砌体和工作面临时封闭起来，棚内加热，使之在正温条件下砌筑和养护。暖棚法费用高、热效低、劳动效率不高，因此宜少采用。一般而言，地下工程、基础工程以及量小又亟须使用的砌体，可考虑采用暖棚法施工。

采用暖棚法施工，块材在砌筑时的温度不应低于 5℃，距离所砌的结构底面 0.5m 处的棚内温度也不应低于 5℃。

第四章　混凝土结构工程

第一节　钢筋工程

一、钢筋的种类与验收

混凝土结构用的普通钢筋可分为两类：热轧钢筋和冷加工钢筋（冷轧带肋钢筋、冷轧钢筋、冷拔螺旋钢筋等），余热处理钢筋属于热轧钢筋一类。热轧钢筋的强度等级按照屈服强度（MPa）分为 HPB300 级、HRB335 级、HRB400 级和 HRB500 级。

热轧钢筋是经热轧成型并自然冷却的成品钢筋，分为热轧光圆钢筋和热轧带肋钢筋两种。余热处理钢筋是热轧钢筋经热轧后立即穿水，进行表面控制冷却，然后利用芯部余热自身完成回火处理所得的成品钢筋。冷轧带肋钢筋是热轧圆盘条经冷轧或冷拔减径后在其表面冷轧成二面或三面有肋的钢筋。冷轧带肋钢筋的强度，可分为三种等级：550 级、650 级及 800 级（MPa）。其中，550 级钢筋宜用于钢筋混凝土结构构件中的受力钢筋、架立筋、箍筋及构造钢筋；650 级和 800 级宜用于中小型预应力混凝土构件中的受力主筋。冷轧扭钢筋是用低碳钢钢筋（含碳量低于 0.25%）经冷轧扭工艺制成，其表面呈连续螺旋形，这种钢筋具有较高的强度，而且有足够的塑性，与混凝土黏结性能优异，代替 HPB300 级钢筋可节约钢材约 30%，一般用于预制钢筋混凝土圆孔板、叠合板中预制薄板以及现浇钢筋混凝土楼板等。冷拔螺旋钢筋是热轧圆盘条经冷拔后在表面形成连续螺旋槽的钢筋。

钢筋混凝土结构中所用的钢筋都应有出厂质量证明或试验报告单，每捆（盘）钢筋均应有标牌。进场时应按批号及直径分批验收。验收的内容包括查对标牌、外观检查，并按有关标准的规定抽取试样做力学性能试验，合格后方可使用。

对有抗震设防要求的结构，其纵向受力钢筋的性能应满足设计要求；当设计无具体要求时，对按一、二、三级抗震等级设计的框架和斜撑构件（含梯段）中的纵向受力钢筋应采用 HRB335E、HRB400E、HRB500E、HRBF335E、HRBF400E 或 HRBF500E 钢筋，其强度和最大力下总伸长率的实测值应符合下列规定：

1. 钢筋的抗拉强度实测值与屈服强度实测值的比值不应小于 1.25；

2. 钢筋的屈服强度实测值与屈服强度标准值的比值不应大于 1.30；

3. 钢筋的最大力下总伸长率不应小于 9%。

当钢筋运进施工现场后，必须严格按批分等级、牌号、直径、长度挂牌存放，并注明数量，不得混淆。钢筋应尽量堆入仓库或料棚内。条件不具备时，应选择地势较高、土质坚实、较为平坦的露天场地存放。在仓库或场地周围挖排水沟，以利泄水。堆放时钢筋下面要加垫木，离地不宜少于 200mm，以防钢筋锈蚀和污染。钢筋成品要分工程名称和构件名称，按号码顺序存放。同一项工程与同一构件的钢筋要存放在一起，按号挂牌排列，牌上注明构件名称、部位、钢筋类型、尺寸、钢号、直径、根数。不能将几项工程的钢筋混放在一起，同时不要和产生有害气体的车间靠近，以免污染和腐蚀钢筋。

二、钢筋的加工

钢筋的加工有钢筋除锈、钢筋调直、钢筋下料剪切及钢筋弯曲成型，钢筋加工宜在常温状态下进行，加工过程中不应加热钢筋。钢筋弯折应一次完成，不得反复弯折。此外钢筋属于隐蔽性工程，在浇筑混凝土之前应对钢筋及预埋件进行验收，并做好隐蔽工程记录。

（一）钢筋除锈

钢筋的表面应清洁、无损伤，油渍、漆污和铁锈应在加工前清除干净。带有颗粒状或片状老锈的钢筋不得使用。钢筋除锈后如有严重的表面缺陷，应重新检验该批钢筋的力学性能及其他相关性能指标。钢筋除锈一般可以通过以下两个途径：大量钢筋除锈可通过钢筋冷拉或钢筋调直机调直完成；少量的钢筋局部除锈可采用电动除锈机或人工用钢丝刷、砂盘以及喷砂、酸洗等方法进行。

（二）钢筋调直

钢筋调直方法很多，常用的方法是使用卷扬机拉直和用调直机调直。钢筋宜采用无延伸功能的机械设备进行调直，也可采用冷拉方法调直。当采用冷拉方法调直时，HPB300 光圆钢筋的冷拉率不宜大于 4%；HRB335、HRB400、HRB500、HRBF335、HRBF400，HRBF500 及 RRB400 带肋钢筋的冷拉率不宜大于 1%。钢筋调直过程中不应损伤带肋钢筋的横肋。调直后的钢筋应平直，不应有局部弯折。

（三）钢筋下料剪切

切断前，应将同规格钢筋长短搭配，统筹安排，一般先断长料，后断短料，以减少短头和损耗。钢筋切断可用钢筋切断机或手动剪切器。

（四）钢筋弯曲成型

钢筋弯曲的顺序是画线、试弯、弯曲成型。画线主要根据不同的弯曲角在钢筋上标出弯折的部位，以外包尺寸为依据，扣除弯曲量度差值。钢筋弯曲有人工弯曲和机械弯曲。

（五）钢筋安装检查

钢筋属于隐蔽性工程，在浇筑混凝土之前应对钢筋及预埋件进行验收，并做好隐蔽工程记录。

安装钢筋前，施工人员必须熟悉施工图纸，合理安排钢筋安装顺序，检查钢筋品种、级别、规格、数量是否符合设计要求。

钢筋应绑扎牢固，防止钢筋移位。板和墙的钢筋网，除靠近外围两行钢筋的交叉点全部扎牢外，中间部分交叉点可间隔交错绑扎，但必须保证受力钢筋不产生位置偏移；对双向受力钢筋，必须全部绑扎牢固。

梁和柱的箍筋，除设计有特殊要求外，应与受力钢筋垂直设置；箍筋弯钩叠合处，应沿受力钢筋方向错开设置。在柱中竖向钢筋搭接时，角部钢筋的弯钩平面与模板面的夹角，对矩形柱夹角应为45°，对多边形柱应为模板内角的平分角；对圆形柱钢筋的弯钩平面应与模板的切线平面垂直；中间钢筋的弯钩平面应与模板面垂直；当采用插入式振捣器浇筑小型截面柱时，弯钩平面与模板面的夹角不得小于15°。板、次梁与主梁交接处，板的钢筋在上，次梁钢筋居中，主梁钢筋在下；主梁与圈梁交接处，主梁钢筋在上，圈梁钢筋在下，绑扎时切不可放错位置。

安装钢筋时，配置的钢筋品种、级别、规格和数量必须符合设计图纸的要求。

三、钢筋的连接

钢筋连接方法：绑扎连接、焊接连接和机械连接。

（一）钢筋的绑扎连接

绑扎连接要求：同一构件中相邻纵向受力钢筋的绑扎搭接接头宜相互错开。绑扎搭接接头中钢筋的横向净距不应小于钢筋直径，且不应小于25mm。

钢筋绑扎搭接接头连接区段的长度为$1.3l_1$（l_1为搭接长度），凡搭接接头中点位于该连接区段长度内的搭接接头均属于同一连接区段。同一连接区段内，纵向钢筋搭接接头面积百分率为该区段内有搭接接头的纵向受力钢筋截面面积与全部纵向受力钢筋截面面积的比值。同一连接区段内，纵向受拉钢筋搭接接头面积百分率应符合设计要求，无设计具体要求时，应符合下列规定：

第一，对梁类、板类构件，不宜超过25%，基础筏板不宜超过50%。

第二，对柱类构件，不宜超过50%。

第三，当工程中确有必要增大接头面积百分率时，对梁类构件，不应超过50%；对其他构件可根据实际情况放宽。

（二）钢筋的焊接连接

钢筋焊接代替钢筋绑扎，可节约钢材、改善结构受力性能、提高工效、降低成本。钢筋焊接分为压焊和熔焊两种形式，压焊包括闪光对焊、电阻点焊、气压焊，熔焊包括电弧焊、电渣压力焊、埋弧压力焊等。

1. 闪光对焊

钢筋闪光对焊是利用钢筋对焊机，将两根钢筋安放成对接形式，压紧于两电极之间，通过低电压强电流，把电能转化为热能，使钢筋加热到一定温度后，即施以轴向压力顶锻，产生强烈火花飞溅，形成闪光，使两根钢筋焊合在一起。

（1）钢筋闪光对焊工艺种类

钢筋对焊常用的是闪光焊。根据钢筋品种、直径和所用对焊机的功率不同，闪光焊的工艺又可分为连续闪光焊、预热闪光焊、闪光—预热—闪光焊和焊后通电热处理等，根据钢筋品种、直径、焊机功率、施焊部位等因素选用。

（2）工艺参数

①对焊设备。钢筋闪光对焊的设备是对焊机。对焊机按其形式可分为弹簧顶锻式、杠杆挤压弹簧顶锻式、电动凸轮顶锻式、气压顶锻式等。

②对焊参数。闪光对焊工艺参数包括调伸长度、闪光留量、闪光速度、顶锻留量、预热频率、顶锻速度、顶锻压力及变压器级次。采用预热闪光焊时，还有预热留量和预热频率等参数。

（3）对焊接头的质量检验

钢筋对焊完毕，应对接头质量进行外观检查和力学性能试验。

2. 电阻点焊

钢筋电阻点焊是将两根钢筋安放成交叉叠接形式，压紧于两极之间，利用电阻熔化钢材金属，加压形成焊点的一种压焊方法。混凝土结构中的钢筋焊接骨架和钢筋焊接网，宜采用电阻点焊制作。电阻点焊生产效率高、节约材料，故应用广泛。

在焊接骨架中，当较小钢筋直径不大于 10mm 时，大、小钢筋直径之比不宜大于 3；当较小钢筋直径为 12 ~ 14mm 时，大、小钢筋直径之比不宜大于 2（较小钢筋指焊接骨架、焊接网两根不同直径钢筋焊点中直径较小的钢筋）。

电阻点焊的工艺过程包括预压、通电、锻压三个阶段。电阻点焊应根据钢筋级别、直径及焊机性能等具体情况选择变压器级次、焊接通电时间和电极压力。

电阻点焊中焊点的压入深度对热轧钢筋电焊时，压入深度应为较小钢筋直径的 25% ~ 45%；对冷拔低碳钢丝、冷轧带肋钢筋电焊时，压入深度应为较小钢筋（丝）直径的 25% ~ 40%。

3. 气压焊

钢筋气压焊是利用氧乙炔火焰或其他火焰对两钢筋对接处加热，使其达到塑性状态或熔化状态，并施一定压力使两根钢筋焊合。它可用于钢筋垂直位置、水平位置或倾斜位置的对接焊接，具有设备简单、操作方便、质量优良、成本较低等优点。适用于焊接直径为14 ~ 40mm的热轧HPB300 ~ HRB400级钢筋，但对焊工要求严格，焊前对钢筋端面处理要求高，被焊两钢筋的直径差不得大于7mm。

（1）焊接设备

钢筋气压焊的设备主要包括氧、乙炔供气装置，液压胶管，压力表，钢筋卡具等。

供气装置包括氧气瓶、溶解乙炔气瓶（或中压乙炔发生器）、干式回火防止器、减压器及输气胶管等。溶解乙炔气瓶的供气能力应满足施工现场最大钢筋直径焊接时供气量的要求；当不能满足时，可采用多瓶并联使用。加热器为一种多嘴环形装置，由混合气管和多火口烤枪组成。加压器由顶压油缸、油泵、油管、油压表等组成。加压能力应大于或等于现场最大直径钢筋焊接时所需要的轴向压力；顶压油缸的有效行程应大于或等于最大直径钢筋焊接时所需要的压缩长度。焊接夹具应能牢固夹紧钢筋，当钢筋承受最大轴向压力时，钢筋与夹具之间不得产生相对滑移。

（2）焊接工艺

钢筋气压焊的工艺主要包括端部处理、安装钢筋、喷焰加热、施加压力等过程。气压焊施焊之前，钢筋端面应切平，并与钢筋轴线垂直；在钢筋端部两倍直径长度范围内，清除其表面上的附着物，并打磨，使其露出金属光泽。安装焊接夹具和钢筋时，应将两根钢筋分别夹紧，并使两根钢筋的轴线在同一直线上。钢筋安装后应加压顶紧，两根钢筋之间的局部缝隙不得大于3mm。气压焊的开始阶段采用碳化焰，对准两根钢筋接缝处集中加热，并使其内焰包住缝隙，防止端面产生氧化。当加热至两根钢筋缝隙完全密合后，应改用中性焰，以压焊面为中心，在两侧各一倍钢筋直径长度范围内往复宽幅加热。钢筋端面的加热温度，控制为1150 ~ 1300℃；钢筋端部表面的加热温度应稍高于该温度，并随钢筋直径大小而产生的温度梯差确定。待钢筋端部达到预定温度后，对钢筋轴向加压到30 ~ 40MPa，直到焊缝处对称均匀变粗，其隆起直径为钢筋直径的1.4 ~ 1.6倍，变形长度为钢筋直径的1.3 ~ 1.5倍。

气压焊施压时，应根据钢筋直径和焊接设备等具体条件，选用适宜的加压方式，目前有等压法、二次加压法和三次加压法，常用的是三次加压法。

（3）气压焊接头质量检验

钢筋气压焊接头的质量检验分为外观检查、拉伸试验和弯曲试验三项。

（三）钢筋的机械连接

钢筋机械连接是指通过连接件的机械咬合作用或钢筋端面的承压作用，将一根钢筋的力传递至另一根钢筋的连接方法。

钢筋机械连接方法，主要有套筒挤压连接、螺纹套筒接头、钢筋镦粗直螺纹套筒连接、钢筋滚轧直螺纹套筒连接（直接滚轧、挤肋滚轧、剥肋滚轧）等。工程实践证明，钢筋锥螺纹套筒连接和钢筋套筒挤压连接，是目前工艺比较成熟、深受工程单位欢迎的连接接头形式，适用于大直径钢筋的现场连接。

1. 钢筋套筒挤压连接

带肋钢筋套筒挤压连接是将两根待接钢筋插入钢套筒，用挤压设备沿径向挤压钢套筒，使钢套筒产生塑性变形，依靠变形的钢套筒与被连接钢筋的纵、横肋产生机械咬合而成为一个整体的钢筋连接方法。由于是在常温下挤压连接，所以也称为钢筋冷挤压连接。这种连接方法具有操作简单、容易掌握、对中度高、连接速度快、安全可靠、不污染环境、实现文明施工等优点，适用于钢筋混凝土结构中钢筋直径为 16 ~ 40mm 的 HRB335、HRB400 级带肋钢筋连接。

2. 钢筋锥螺纹套筒连接

钢筋锥螺纹套筒连接是把钢筋的连接端加工成锥形螺纹（简称丝头），通过锥螺纹连接套筒把两根带丝头的钢筋，按规定的力矩连接成一体的钢筋接头。这种连接方法，具有使用范围广、施工工艺简单、施工速度快、综合成本低、连接质量好、有利于环境保护等优点。此种接头方式适用于直径为 16 ~ 40mm 的 HPB300–HRB400 级同级钢筋的同径或异径钢筋的连接。

3. 钢筋直螺纹套筒连接

钢筋直螺纹套筒连接分为镦粗直螺纹和滚轧直螺纹两类。钢筋镦粗直螺纹套筒连接是通过钢筋镦粗机将钢筋端头镦粗，再切削成直螺纹；然后用带直螺纹的套筒将钢筋两端拧紧的钢筋连接。

镦粗直螺纹钢筋接头的特点：钢筋端部经冷镦后不仅直径增大，使套丝后丝扣底部横截面不小于钢筋原截面面积，而且由于冷敦后钢材强度的提高，致使接头部位有很高的强度，断裂均发生于母材。

钢筋滚轧直螺纹连接是利用金属材料塑性变形后冷却硬化增强金属材料强度的特性，使接头母材增强的连接方法。

第二节 混凝土工程

混凝土工程在混凝土结构工程中占有重要地位，混凝土工程质量的好坏直接影响到混凝土结构的承载力、耐久性与整体性。混凝土工程包括混凝土制备、运输、浇筑捣实和养护等施工过程，各个施工过程相互联系和影响，任一施工过程处理不当都会影响混凝土工程的最终质量。近年来，随着混凝土外加剂技术的发展和应用的日益深化，特别是随着商品砼的蓬勃发展，很大程度上影响了混凝土的性能、施工工艺；此外，自动化、机械化的发展和新的施工机械、施工工艺的应用，也大大改变了混凝土工程的施工面貌。

一、混凝土施工

1. 混凝土制备

混凝土的配制，除应保证结构设计对混凝土强度等级的要求外，还要保证施工对混凝土和易性的要求，并符合合理使用材料、节约水泥的原则。必要时，还应符合抗冻性、抗渗性等要求。

（1）混凝土的施工配制强度

当设计强度等级小于 C60 时，配制强度应按式（4–1）计算：

$$f_{cu,o} = f_{cu,k} + 1.645\sigma \tag{4–1}$$

式中：$f_{cu,o}$——混凝土的施工配制强度，N/mm^2；

$f_{cu,k}$——设计的混凝土强度标准值，N/mm^2；

σ——施工单位的混凝土强度标准差，N/mm^2。

当设计强度等级大于或等于 C60 时，配制强度应按下式计算：

$$f_{cu,o} \geqslant 1.15 f_{cu,k} \tag{4–2}$$

混凝土强度标准差应按下列规定确定：

当施工单位具有近期（前一个月或三个月）的同一品种混凝土强度的统计资料时，其混凝土强度标准差σ可按式（4–3）计算：

$$\sigma = \sqrt{\frac{\sum_{i=1}^{N} f_{c,i}^2 - N\mu_{f_{cu}}^2}{N-1}} \tag{4–3}$$

式中 $f_{c,i}$——第 i 组混凝土试件强度，N/mm^2；

$\mu_{f_{cu}}$——N 组混凝土试件强度的平均值，N/mm^2；

N——统计周期内相同混凝土强度等级的试件组数，$N \geqslant 30$。

当混凝土强度等级小于等于 C30 的混凝土，计算得到的$\sigma \geqslant 3.0N/mm^2$时，应按计算结果取值；计算得到的结果$\sigma < 3.0N/mm^2$时，$\sigma$应取$3.0N/mm^2$；对于强度等级大于 C30 且小于 C60 的混凝土，计算得到的$\sigma \geqslant 4.0N/mm^2$时，应按计算结果取值；计算得到的$\sigma$

小于 4.0N/mm^2 时，σ 应取 4.0N/mm^2。对预拌混凝土厂和预制混凝土构件厂，其统计周期可取为一个月，对现场拌制混凝土的施工单位，其统计周期可根据实际情况确定，但不宜超过三个月。

（2）混凝土的施工配制

影响混凝土配制质量的因素主要有两方面，一是称量不准，二是未按砂、石骨料实际含水率的变化进行施工配合比的换算。这样必然会改变原理论配合比的水灰比、砂石比（含砂率）及浆骨比。当水灰比增大时，混凝土黏聚性、保水性差，而且硬化后多余的水分残留在混凝土中形成水泡，或水分蒸发留下气孔，使混凝土密实性差，强度低。当水灰比减少时，则混凝土流动性差，甚至影响成型后的密实，造成混凝土结构内部松散，表面产生蜂窝、麻面现象。同样，含砂率减少时，则砂浆量不足，不仅会降低混凝土流动性，更严重的是将影响其黏聚性及保水性，产生粗骨料离析、水泥浆流失，甚至溃散等不良现象。浆骨比是反映混凝土中水泥浆的用量多少（即每立方米混凝土的用水量和水泥用量），如控制不准，亦直接影响混凝土的水灰比和流动性。所以，为了确保混凝土的质量，在施工中必须及时进行施工配合比的换算和严格控制称量。

混凝土的配合比是在实验室根据混凝土的施工配制强度经过试配和调整而确定的，称为实验室配合比。

实验室配合比所用的砂、石都是不含水分的，而施工现场的砂、石一般都含有一定的水分，且砂、石含水率的大小随当地气候条件不断发生变化。为保证混凝土配合比的准确，在施工中应适当扣除使用砂、石的含水量，经调整后的配合比，称为施工配合比。

2. 混凝土的运输

混凝土从拌制地点运往浇筑地点有多种运输方法，选用时应根据建筑物的结构特点、混凝土的总运输量与每日所需的运输量、水平及垂直运输的距离、现有设备情况以及气候、地形、道路条件等因素综合考虑。不论采用何种运输方法，在运输混凝土的工作中，都应满足下列要求：①在混凝土运输过程中，应控制混凝土运至浇筑地点后，不离析、不分层，组成成分不发生变化，并能保证施工所必需的稠度。混凝土运送至浇筑地点，如混凝土拌和物出现离析或分层现象，应进行二次搅拌。②运送混凝土的容器和管道，应不吸水、不漏浆，并保证卸料及输送通畅。容器和管道在冬期应有保温措施，夏季最高气温超过40℃时，应有隔热措施。混凝土拌和物运至浇筑地点时的温度，最高不超过35℃，最低不低于5℃。③混凝土运至浇筑地点时，应检测其坍落度，所测值应符合设计和施工要求。

混凝土运输机械。混凝土运输机具的种类很多，一般可分为间歇式运输机具和连续式运输机具两大类，可根据施工条件进行选用。常用的混凝土运输机具有：机动翻斗车、混凝土搅拌输送车、混凝土泵和垂直运输设备。

3. 混凝土浇捣

（1）混凝土的浇筑

浇筑混凝土前，应检查和控制模板、钢筋、保护层和预埋件等的尺寸、规格、数量和位置。此外，还应检查模板支撑的稳定性以及接缝的密合情况。模板和隐蔽项目应分别进行预检和隐检验收，符合要求时，方可进行浇筑。

混凝土浇筑应注意的几个问题：

①防止离析。混凝土自由倾落高度应符合以下规定：对于素混凝土或少筋混凝土，由料斗、漏斗进行浇筑时，不应超过2m；对于竖向结构（如柱、墙），粗骨料粒径大于25mm时，浇筑混凝土的高度不超过3m，粗骨料粒径小于等于25mm时，浇筑混凝土的高度不超过6m；对于配筋较密或不便捣实的结构，不宜超过60cm。否则，应采用串筒、溜槽和振动串筒下料，以防产生离析。

浇筑竖向结构混凝土前，底部应先浇入50～100mm厚与混凝土成分相同的水泥砂浆，以避免产生蜂窝麻面现象。

②混凝土施工缝与后浇带的施工。施工缝的留设与处理。在混凝土浇筑过程中，若因技术上的原因或设备、人力的限制，混凝土不能连续浇筑，中间的间歇时间超过混凝土初凝时间，则应留置施工缝。留置施工缝的位置应事先确定。由于施工缝处新旧混凝土的结合力较差，是构件中的薄弱环节，故宜留置在结构剪力较小且便于施工的部位。柱应留水平缝，梁、板应留垂直缝。

③分层浇筑

为了使混凝土上下层结合良好并振捣密实，混凝土必须分层浇筑。为保证混凝土的整体性，浇筑工作应连续进行。当由于技术上或施工组织上的原因必须间歇时，其间歇的时间应尽可能缩短，并保证在前层混凝土初凝之前，将次层混凝土浇筑完毕。其间歇的最长时间，应按所用水泥品种、混凝土强度等级及施工气温确定。

在混凝土浇筑过程中，应时刻观察模板及其支架、钢筋、预埋件及预留孔洞的情况，当发现有不正常的变形、移位时，应及时采取措施进行处理，以保证混凝土的施工质量。在混凝土浇筑过程中，应及时认真填写施工记录，这是施工验收的基本依据，也是保证混凝土质量的重要措施。

整体结构混凝土浇筑的要求，不同的结构有所不同。

第一，框架结构的整体浇筑。框架结构的主要构件包括基础、柱、梁、板等，其中框架梁、板、柱等构件是沿垂直方向重复出现的。因此，一般按结构层分层施工。如果平面面积较大，还应分段进行，以便各工序组织流水作业。

在框架结构整体浇筑中，应注意如下事项：

在每层每段的施工中，其浇筑顺序应为先浇柱，后浇梁、板。

柱基础浇筑时，应先边角后中间，按台阶分层浇筑，确保混凝土充满模板各个角落，防止从一侧倾倒混凝土，以免挤压钢筋造成柱连接钢筋的移位。

柱子宜在梁板模板安装后钢筋绑扎前浇筑，以便利用梁板模板作为横向支撑和柱浇筑操作平台；一排柱子的浇筑顺序，应从两端同时向中间推进，以防柱模板在横向推力作用下向一方倾斜；柱子应分段浇筑，当边长大于400mm且无交叉箍筋时，每段的高度不应大于3.5m，当柱子的断面小于400mm×400mm，并有交叉箍筋时，可在柱模板侧面每段不超过2m的高度开口（不小于300mm高），插入斜溜槽分段浇筑；柱子与柱基础的接触面，用与混凝土相同成分的水泥砂浆铺底（50 ~ 100mm），以免底部产生蜂窝现象；随着柱子浇筑高度的上升，相应递减混凝土的水灰比和坍落度，以免混凝土表面积聚浆水。

在浇筑与柱、墙连成整体的梁和板时，应在柱或墙浇筑完毕后1 ~ 1.5h，再继续浇筑，使柱混凝土充分沉实。肋型楼板的梁板应同时浇筑，其顺序是先根据梁高分层浇筑成阶梯形，当达到板底位置时再与板的混凝土一起浇筑；当梁高大于1m时，可单独先浇筑梁的混凝土，施工缝可留在板底以下20 ~ 30mm处；无梁楼板中，板和柱帽应同时浇筑混凝土。

当浇筑主梁及主次梁交叉处的混凝土时，一般钢筋较密集，特别是上部主钢筋又粗又多，因此，这一部分可改用细石混凝土进行浇筑，同时，振捣棒头可改用片式并辅以人工捣固配合。

第二，剪力墙浇筑。剪力墙浇筑应采取长条流水作业，分段浇筑，均匀上升。墙体浇筑混凝土前或新浇混凝土与下层混凝土接合处，应在底面上均匀浇筑50mm厚与墙体混凝土成分相同的水泥砂浆或细石混凝土。砂浆或混凝土应用铁锹入模，不应用料斗直接灌入模内，混凝土应分层浇筑振捣，每层浇筑厚度控制在600mm左右，浇筑墙体混凝土应连续进行。墙体混凝土的施工缝一般宜设在门窗洞口上，接槎处混凝土应加强振捣，保证接槎严密。

洞口浇筑混凝土时，应使洞口两侧混凝土高度大体一致。振捣时，振捣棒应距洞边300mm以上，从两侧同时振捣，以防止洞口变形，大洞口下部模板应开口并补充振捣。构造柱混凝土应分层浇筑，内外墙交接处的构造柱和墙同时浇筑，振捣要密实。

墙体浇筑振捣完毕后，将上口甩出的钢筋加以整理，用木抹子按标高线将墙上表面混凝土找平。

混凝土浇捣过程中，不可随意挪动钢筋，要经常检查钢筋保护层厚度及所有预埋件的牢固程度和位置的准确性。

第三，大体积混凝土的浇筑。大体积混凝土结构整体性要求较高，一般不允许留设施工缝。因此，必须保证混凝土搅拌、运输、浇筑、振捣各工序的协调配合，并根据结构特点、工程量、钢筋疏密等具体情况，分别选用如下浇筑方案：

全面分层浇筑方案。在整个结构内全面分层浇筑混凝土，待第一层全部浇筑完毕，在初凝前再回来浇筑第二层，如此逐层进行，直至浇筑完成。此浇筑方案适宜于结构平面尺寸不大的情况。浇筑时一般从短边开始，沿长边进行，也可以从中间向两端或由两端向中间同时进行。

分段分层浇筑方案。混凝土从底层开始浇筑，进行一定距离后回来浇筑第二层，如此依次向前浇筑以上各层。此浇筑方案适用于厚度不太大，而面积或长度较大的结构。

斜面分层浇筑方案。混凝土从结构一端满足其高度浇筑一定长度，并留设坡度为 1 ∶ 3 的浇筑斜面，从斜面下端向上浇筑，逐层进行。此浇筑方案适用于结构的长度超过其厚度 3 倍的情况。

（2）混凝土密实成型

混凝土入模时呈疏松状，里面含有大量的空洞与气泡，必须采用适当的方法在其初凝前振捣密实，满足混凝土的设计要求。混凝土浇筑后振捣是用混凝土振动器的振动力，把混凝土内部的空气排出，使砂子充满石子间的空隙，水泥浆充满砂子间的空隙，以达到混凝土的密实。只有在工程量很小或不能使用振动器时，才允许采用人工捣固，一般应采用振动机械振捣。常用的振动机械有内部振动器（插入式）、外部振动器（附着式和平板式）和振动台。

内部振动器也称插入式振动器，它是由电动机、传动装置和振动棒三部分组成，工作时依靠振动棒插入混凝土产生振动力而捣实混凝土。插入式振动器是建筑工程应用最广泛的一种，常用以振实梁、柱、墙等平面尺寸较小而深度较大的构件和体积较大的混凝土。

内部振动器分类方法很多，按振动转子激振原理不同，可分为行星滚锥式和偏心轴式；按操作方式不同，可分为垂直振捣式和斜面振捣式；按驱动方式不同，可分为电动、风动、液压和内燃机驱动等形式；按电动机与振动棒之间的传动形式不同，可分为软轴式和直联式。

4. 混凝土养护

浇捣后的混凝土之所以能逐渐凝结硬化，主要是因为水泥水化作用的结果，而水化作用需要适当的湿度和温度。如气候炎热、空气干燥，不及时进行养护，混凝土中水分蒸发过快，出现脱水现象，使已形成凝胶体的水泥颗粒不能充分水化，不能转化为稳定的结晶，缺乏足够的黏结力，从而会在混凝土表面出现片状或粉状剥落，影响混凝土的强度。此外，在混凝土尚未具备足够的强度时，其中水分过早地蒸发还会产生较大的收缩变形，出现干缩裂纹，影响混凝土的整体性和耐久性。所以浇筑后的混凝土初期阶段的养护非常重要。在混凝土浇筑完毕后，应在 12h 以内加以养护；干硬性混凝土和真空脱水混凝土应于浇筑完毕后立即进行养护。在养护工序中，应控制混凝土处在有利于硬化及强度增长的温度和湿度环境中，使硬化后的混凝土具有必要的强度和耐久性。

混凝土养护分自然养护和人工养护。自然养护是指在自然气温条件下（大于 5℃），对混凝土采取覆盖、浇水湿润、挡风、保温等养护措施，使混凝土在规定的时间内有适宜的温湿条件进行硬化。自然养护又可分为覆盖浇水养护和薄膜布养护、薄膜养生液养护等。人工养护是指人工控制混凝土的温度和湿度，使混凝土强度增长，如蒸汽养护、热水养护、太阳能养护等。现浇结构多采用自然养护。

覆盖浇水养护。覆盖浇水养护是用吸水保温能力较强的材料（如草帘、芦席、麻袋、锯末等）将混凝土覆盖，经常洒水使其保持湿润。养护时间长短取决于水泥品种，硅酸盐水泥、普通硅酸盐水泥和矿渣硅酸盐水泥拌制的混凝土，不少于 7d；强度等级 C60 及以上的混凝土或抗渗混凝土不少于 14d。浇水次数以能保持混凝土具有足够的湿润状态为宜。

薄膜布养护。采用不透水、气的薄膜布（如塑料薄膜布）养护，是用薄膜布把混凝土表面敞露的部分全部严密地覆盖起来，保证混凝土在不失水的情况下得到充足的养护。这种养护方法的优点是不必浇水，操作方便，能重复使用，能提高混凝土的早期强度，加速模具的周转。

薄膜养生液养护。混凝土的表面不便浇水或用塑料薄膜布养护有困难时，可采用涂刷薄膜养生液，以防止混凝土内部水分蒸发的方法。薄膜养生液养护是将可成膜的溶液喷洒在混凝土表面上，溶液挥发后在混凝土表面凝结成一层薄膜，使混凝土表面与空气隔绝，封闭混凝土中的水分不再被蒸发，而完成水化作用。这种养护方法一般适用于表面积大的混凝土施工和缺水地区，但应注意薄膜的保护。混凝土养护期间，混凝土强度达到 1.2N/mm^2 前，不允许在上面走动。

混凝土质量检验。混凝土质量检验包括施工过程中的质量检验和养护后的质量检验。施工过程的质量检验，即在制备和浇筑过程中对原材料的质量、配合比、坍落度等的检验，每一工作班至少检查一次，遇有特殊情况还应及时进行检验。混凝土的搅拌时间应随时检查。

混凝土养护后的质量检验，主要包括混凝土的强度、外观质量和结构构件的轴线、标高、截面尺寸和垂直度的偏差。如设计上有特殊要求时，还须对抗冻性、抗渗性等进行检验。

混凝土强度的检验，主要指抗压强度的检查。混凝土的抗压强度应以边长为 150mm 的立方体试件，在温度为 20℃ ±2℃和相对湿度为 90% 以上的潮湿环境或水中的标准条件下，经 28d 养护后试验确定。

第三节　模板工程

模板是混凝土结构构件成型的模具，已浇筑的混凝土需要在此模具内养护、硬化、增长强度，形成所要求的结构构件。模板系统包括模板和支架两部分，其中模板是指与混凝土直接接触使混凝土具有构件所要求形状的部分；支架是指支撑模板，承受模板、构件及施工中各种荷载的作用，并使模板保持所要求的空间位置的临时结构。

为了保证所浇筑混凝土结构的施工质量和安全，模板和支架必须符合下列要求：①保证结构和构件各部分形状、尺寸和相互位置的正确性。②具有足够的承载能力、刚度和稳定性，能可靠地承受浇筑混凝土的重量、侧压力以及施工荷载，并应保证其整体稳固性。③构造简单，拆装方便，能多次周转使用。④接缝严密，不易漏浆。

一、模板的形式与构造

按所用材料不同可分为：木模板、钢模板、塑料模板、玻璃钢模板、竹胶板模板、装饰混凝土模板、预应力混凝土模板等。

按模板的形式及施工工艺不同可分为：组合式模板（如木模板、组合钢模板）、工具式模板（如大模板、滑模、爬模、飞模、模壳等）、胶合板模板和永久性模板。

按模板规格类型不同分为：定型模板（即定型组合模板，如小钢模）和非定型模板（散装模板）。

（一）木模板

木材是最早被人们用来制作模板的工程材料，其优点是制作方便、拼装随意，尤其适用于外形复杂和异形的混凝土构件。此外，因其导热系数小，对混凝土冬期施工有一定的保温作用。

木模板的木材主要采用松木和杉木，其含水率不宜过高，以免干裂，材质不宜低于Ⅲ等材。

木模板的基本元件是拼板，它由板条和拼条（木档）组成。板条厚 25 ~ 50mm，宽度不宜超过 200mm，以保证在干缩时缝隙均匀，浇水后缝隙要严密且板条不翘曲，但梁底板的板条宽度不受限制，以免漏浆。拼条截面尺寸为 25mm × 35mm ~ 50mm × 50mm，拼条间距根据施工荷载的大小及板条的厚度而定，一般取 400 ~ 500mm。

木模板通常可拼装成以下几种形式：

1. 基础模板

基础模板安装时，要保证上、下模板不发生相对位移。如有杯口，还要在其中放入杯口芯模。当土质良好时，基础的最下一阶可不用模板，进行原槽浇筑。

2. 柱模板

柱模板由内外拼板组成，内拼板夹在两片相对的外拼板之内。为承受混凝土侧压力，拼板外要设柱箍，其间距与混凝土侧压力、拼板厚度有关，通常上稀下密，间距为 500 ~ 700mm。柱模板底部设有钉在混凝土上的木框，用以固定柱模板的位置。柱模板上部根据需要可开设与梁模板连接的缺口，底部开设清理孔，沿高度每隔约 2m 开设浇注孔。对于独立柱模，四周应加设支撑，以免混凝土浇筑时产生倾斜。

（3）梁模板、楼板模板

梁模板由底模板和侧模板组成。底模板承受垂直荷载，一般较厚，下面有支柱（顶撑）或桁架承托。支柱多为伸缩式，可调节高度，底部应支承在坚实的地面或楼面上，下垫木楔。如地面松软，底部应垫木板，以加大支撑面。在多层建筑施工中，应使上下层的支柱在同一条竖向直线上，否则，要采取措施保证上层支柱的荷载能传到下层支柱上。支柱间应用水平和斜向拉杆拉牢，以增强整体稳定性。当层间高度大于 5m 时，宜用桁架支撑或多层支架支撑。

梁侧模板承受混凝土侧压力，为防止侧向变形，底部用夹紧条夹住，顶部可由支承楼板模板的格栅顶住，或用斜撑支牢。

楼板模板多用定型模板或胶合板，它放置在格栅上，格栅支承在梁侧模板外的横楞上。

（二）组合模板

组合模板是一种定型模板，它是施工中应用最多的一种模板形式。它由具有一定模数的模板和配件两大部分组成，配件包括连接件和支撑件，这种模板可以拼出多种尺寸和几何形状，可用于建筑物的梁、板、柱、墙、基础等构件施工的需要，也可拼成大模板、滑模、台模等使用。因而这种模板具有轻便灵活、拆装方便、通用性强、周转率高等优点。

1. 板块与角模

钢模板包括平面模板、阳角模板、阴角模板和连接角模。另外还有角楞模板、圆楞模板、梁腋模板等与平面模板配套使用的专用模板。

钢模板采用模数制设计，模板宽度以 50mm 进级，长度以 150mm 进级，可以适应横竖拼装，拼装成以 50mm 进级的任何尺寸的模板，如拼装时出现不足模数的空隙，用镶嵌木条补缺，用钉子或螺栓将木条与板块边框上的孔洞连接。

为了板块之间便于连接，钢模板边肋上设有“U”形卡连接孔，端部上设有形插销孔，孔径为 13.8mm，孔距 150mm。

连接件包括“U”形卡、“L”形插销、钩头螺栓、紧固螺栓、对拉螺栓和扣件等。

“U”形卡用于相邻模板间的拼接。其安装距离不大于 300mm，即每隔一个孔插一个卡，安装方向一顺一倒相互交错，以抵消“U”形卡可能产生的位移。

“L”形插销插入钢模板端部的插销孔内，以加强两相邻模板接头处的刚度和保证接头处板面平整。

钩头螺栓用于钢模板与内、外钢楞的加固，使之成为整体，安装间距一般不大于 600mm，长度应与采用的钢楞尺寸相适应。

紧固螺栓用于紧固钢模板内、外钢楞，增强组合模板的整体刚度，长度应与采用的钢楞尺寸相适应。

对拉螺栓用于连接墙壁的两侧模板，保持模板与模板之间的设计厚度，并承受混凝土侧压力及水平荷载，使模板不致变形。

扣件用于钢楞与钢楞或钢楞与钢模板之间的扣紧，按钢楞的不同形状，分别采用蝶形扣件和“3”形扣件。

2. 支承件

组合钢模板的支承件包括支撑拄的柱箍、斜撑；支承墙模板的钢楞和斜撑以及支承梁、钢模板的早拆柱头等；梁托架、支撑桁架、钢支柱等。桁架用于支承梁、板类结构的模板。通常采用角钢、扁钢和圆钢筋制成，可调节长度，以适应不同跨度使用。一般以两幅为一组，其跨度可调整到2100 ~ 3500mm，荷载较大时，可采用多幅组成排放，并在下弦加设水平支撑，使其相互连接固定，增加侧向刚度。

支柱有钢管支柱和组合四管支柱两种。钢管支柱又称钢支柱，用于大梁、楼板等水平模板的垂直支撑，其规格形式较多，目前常用的有CH型和YJ型两种。

托具用来靠墙支承楞木、斜撑、桁架等。用钢筋焊接而成，上面焊接一块钢托板，托具两齿间距为三皮砖厚。在砌体强度达到支模强度时，将托具垂直打入灰缝内。

早拆柱头是近年来发展的一种模板快拆体系，它设置在钢支柱的顶部，可在楼板混凝土浇筑后提早拆除楼面模板，而将钢支柱保留在楼板底面，从而加快了模板的周转。

模板成型卡具用于支承梁、柱等的模板，使其成为整体。常用的有柱箍和梁卡具。

柱箍又称柱卡箍、定型夹箍，用于直接支承和夹紧各类柱模的支承件，可根据柱模的外形尺寸和侧压力的大小来选用。

梁卡具又称梁托架。是一种将大梁、过梁等模板夹紧固定的装置，并承受混凝土的侧压力，其种类较多。其中，钢管型梁卡具适用于断面为700mm × 500mm以内的梁；扁钢和圆钢组成的梁卡具，适用于断面为600mm × 500mm以内的梁，上述两种梁卡具的高度和宽度均可调节。

3. 组合模板的配板

采用定型组合钢模板时需要进行配板设计。由于同一面积的模板可以使用不同规格的平面模板和角模组成各种配板方案，配板设计就是从中找出最佳组配方案。

配板设计时，平面模板的选择应根据所配模板板面的形状、几何尺寸及支撑形式决定。宜优先选用大规格的模板为主板，其他小规格的模板作为补充。模板宜以其长边沿梁、板、墙的长度方向或柱的高度方向排列，以利于使用长度规格大的模板，并扩大钢模板的支撑跨度。如结构的宽度刚好是钢模板长度的整数倍时，也可将钢模板的长边沿结构的短边排列。模板长向接缝宜错开布置，以增加模板的整体刚度。应采取措施减少和避免在钢模板上钻孔，如须设置对拉螺栓或其他拉筋需要在模板上钻孔时，应尽可能使用已钻孔的模板。

进行配板设计之前，先绘制结构构件的展开图，据此绘制配板设计图、连接件和支承系统布置图、细部结构和异型模板详图及特殊部位详图。在配板图上要标明所配板块和角模的规格、位置和数量，并在配板图上标明预埋件和预留孔洞的位置，注明其固定方法。

（三）大模板

1. 大模板建筑体系

（1）全现浇的大模板建筑

这种建筑的内墙、外墙全部采用大模板浇筑，结构的整体性好、抗震性强，但施工时外墙模板支设复杂，高空作业工序较多、工期较长。

（2）现浇与预制相结合的大模板建筑

建筑的内墙采用大模板浇筑，外墙采用预制装配式大型墙板，即“内浇外挂”施工工艺。这种结构简化了施工工序，减少了高空作业和外墙板的装饰工程量，缩短了工期。

（3）现浇与砌筑相结合的大模板建筑

建筑的内墙采用大模板浇筑，外墙采用普通黏土砖墙。这种结构适用于建造6层以下的民用建筑，较砖混结构的整体性好，内装饰工程量小、工期较短。

2. 大模板的构造

（1）面板

面板是直接与混凝土接触的部分，通常采用钢面板（用3 ~ 5mm厚的钢板制成）或胶合板面板（用7 ~ 9层胶合板）。面板要求板面平整、拼缝严密、具有足够的刚度。

（2）加劲肋

加劲肋的作用是固定面板，可做成水平肋或垂直肋。加劲肋把混凝土传给面板的侧压力传递到竖楞上去。加劲肋与金属面板焊接固定，与胶合板面板可用螺栓固定。

（3）竖楞

竖楞作用是加强大模板的整体刚度，承受模板传来的混凝土侧压力和垂直力，并作为穿墙螺栓的支点。

（4）支撑桁架与稳定机构

支撑桁架用螺栓或焊接与竖楞连接在一起，其作用是承受风荷载等水平力，防止大模板倾覆。桁架上部可搭设操作平台。

稳定机构是在大模板两端桁架底部伸出的支腿上设置的可调整螺旋千斤顶。在模板使用阶段，用以调整模板的垂直度，并把作用力传递到地面或楼板上；在模板堆放时，用来调整模板的倾斜度，以保证模板的稳定。

（5）操作平台

操作平台是施工人员操作场所，有两种做法：

a. 将脚手板直接铺在支撑桁架的水平弦杆上形成操作平台，外侧设栏杆。这种操作平台工作面较小，但投资少、装拆方便。

b. 在两道横墙之间的大模板的边框上用角钢连成为搁栅，在其上满铺脚手板。优点是施工安全，但耗钢量大。

（6）穿墙螺栓

穿墙螺栓作用是控制模板间距，承受新浇混凝土的侧压力，并能加强模板刚度。为了避免穿墙螺栓与混凝土黏结，在穿墙螺栓外边套一根硬塑料管或穿孔的混凝土垫块，其长度为墙体宽度。穿墙螺栓一般设置在大模板的上、中、下三个部位，上穿墙螺栓距模板顶部 250mm 左右，下穿墙螺栓距模板底部 200mm 左右。

（7）滑升模板

滑升模板是随着混凝土的浇筑而沿结构或构件表面向上垂直移动的模板。施工时在建筑物或构筑物的底部，按照建筑物或构筑物平面，沿其结构周边安装高 1.2m 左右的模板和操作平台，随着向模板内不断分层浇筑混凝土，利用液压提升设备不断使模板向上滑升，使结构连续成型，逐步完成建筑物或构筑物的混凝土浇筑工作。液压滑升模板适用于各种构筑物如烟囱、筒仓等施工，也可用于现浇框架、剪力墙、筒体等结构施工。

采用液压滑升模板可大量节约模板，提高了施工机械化程度。但液压滑升模板耗钢量大，一次投资费用较多。

液压滑升模板由模板系统、操作平台系统及液压提升系统组成。

（8）爬升模板

爬升模板是在混凝土墙体浇筑完毕后，利用提升装置将模板自行提升到上一个楼层，浇筑上一层墙体的垂直移动式模板。爬升模板采用整片式大平模，模板由面板及肋组成，而不需要支撑系统；提升设备采用电动螺杆提升机、液压千斤顶或导链。爬升模板是将大模板工艺和滑升模板工艺相结合，既保持大模板施工墙面平整的优点又保持了滑模利用自身设备使模板向上提升的优点，墙体模板能自行爬升而不依赖塔吊。爬升模板适用于高层建筑墙体、电梯井壁、管道间混凝土施工。爬升模板由钢模板、提升架和提升装置三部分组成。

二、模板设计

常用的木拼板模板和组合钢模板，在其经验适用范围内一般不需进行设计验算，但对重要结构的模板、特殊形式的模板或超出经验适用范围的模板，应进行设计或验算，以确保工程质量和施工安全，防止浪费。

模板设计的内容，主要包括选型、选材、荷载计算、结构设计和绘制模板施工图等。各项设计的内容和详尽程度，可根据工程的具体情况和施工条件确定。

模板设计原则：①实用性。应保证混凝土结构的质量，要求接缝严密、不漏浆，保证构件的形状、尺寸和相互位置正确，且构造简单、支拆方便。②安全性。保证在施工过程中不变形、不破坏、不倒塌。③经济性。针对工程结构具体情况，因地制宜，就地取材，在确保工期的前提下，尽量减少一次投入，增加模板周转率，减少支拆用工，实现文明施工。

（一）模板设计荷载及其组合

1. 模板及其支架自重（G_1）

计算模板及其支架的荷载，分为荷载标准值和荷载设计值，后者等于荷载标准值乘以相应的荷载分项系数。模板及其支架自重标准值应根据模板设计图确定。有梁楼板及无梁楼板模板及支架的自重标准值，可参考表 4–1。

表 4–1　模板及支架自重标准值 G_{1k}（kN/m^3）

模板构件名称	木模板	定型组合钢模板
无梁楼板的模板及小楞	0.30	0.50
有梁楼板模板（其中包括梁的模板）	0.50	0.75
楼板模板及其支架（楼层高度为 4m 以下）	0.75	1.10

2. 新浇筑混凝土自重（G_2）

新浇筑混凝土自重标准值 G_{2k} 以对普通混凝土可采用 $24kN/m^3$；对其他混凝土，可根据实际重力密度确定。

3. 钢筋自重值（G_3）

钢筋自重标准值 G_{3k} 可根据设计图纸确定。对一般梁板结构每立方米钢筋混凝土的钢筋自重标准值为：楼板 $1.1kN/m^3$，梁 $1.5kN/m^3$。

4. 施工人员及设备荷载（Q_2）

作用在模板及支架上的施工人员及施工设备荷载标准值 Q_{1k}，可按实际情况计算，可

取 $3.0kN/m^3$。

5. 风荷载（Q_3）

风荷载标准值 Q_{3k} 可按现行国家标准的有关规定计算。

6. 新浇筑混凝土对模板侧面压力（$\mathbf{G}_4$）

采用内部振捣时，新浇筑混凝土作用于模板的最大侧压力标准值 $\mathbf{G}_{4k}$，可按下列两式计算，并取其中的较小值：

$$F = 0.43\gamma_c t_o \beta V^{\frac{1}{4}} \tag{4-4}$$

$$F = \gamma_c H \tag{4-5}$$

式中 F——新浇筑混凝土对模板最大侧压力，kN/m^2；

γ_c——混凝土的重力密度，kN/m^3；

t_o——新浇筑混凝土的初凝时间，h；

V——混凝土的浇筑速度，m^3/h；

H——混凝土侧压力计算位置处至新浇筑混凝土顶面的总高度，m；

β——混凝土坍落度影响修正系数，当坍落度为 50 ~ 90mm 时，取 0.85；当坍落度为 100 ~ 130mm 时，取 0.9；当坍落度为 140 ~ 180mm 时，取 1.0。

（二）模板设计的有关计算规定

模板结构除必须保证足够的承载能力外，还应保证有足够的刚度，因此，应验算模板及其支架结构的挠度，其最大变形值不得超过下列规定：

1. 对结构表面外露（不做装修）的模板，为模板构件计算跨度的 1/400。

2. 对结构表面隐蔽（做装修）的模板，为模板构件计算跨度的 1/250。

3. 支架的压缩变形值或弹性挠度，为相应的结构计算跨度的 1/1000。

支架的立柱或桁架应保持稳定，并用撑拉杆件固定。为防止模板及其支架在风荷载作用下倾倒，应从构造上采取有效措施，如在相互垂直的两个方向加水平及斜拉杆、缆风绳、地锚等。

三、模板的安装与拆除

（一）模板安装

模板安装在组织上应做好分层分段流水施工，确定模板安装顺序，加速模板的周转使用。

模板与混凝土的接触面应清理干净并涂刷隔离剂。木模板在浇筑混凝土前应浇水湿润。竖向模板和支架的支承部分，当安装在基土上时，应设垫板，且基土必须坚实并有排水措施；对湿陷性黄土，必须有防水措施；对冻胀土，必须有防冻融措施。模板及其支架在安装过程中，必须设置防倾覆的临时固定措施。

现浇钢筋混凝土梁、板，当跨度≥4m时，模板应起拱，当设计无具体要求时，起拱高度宜为全跨长的1/1000～3/1000（钢模1/1000～2/1000，木模1.5/1000～3/1000）。

现浇多层房屋和构筑物，应采取分层分段支模的方法。安装上层模板及其支架应符合下列规定：①下层模板应具有承受上层荷载的承载能力或加设支架支撑。②上层支架的立柱应对准下层支架的立柱，并铺设垫板。③当采用悬吊模板、桁架支模方法时，其支撑结构的承载能力和刚度必须符合要求。

当层间高度大于5m时，宜选用桁架支模或多层支架支模。当采用多层支架支模时，支架的横垫板应平整，支柱应垂直，上下层支柱应在同一竖向中心线上。

当采用分节脱模时，底模的支点按模板设计设置，各节模板应在同一平面上，高低差不得超过3mm。

模板安装后应仔细检查各部构件是否牢固，在浇混凝土过程中要经常检查，如发现变形、松动等现象，要及时修整加固。固定在模板上的预埋件和预留孔洞均不得遗漏，且应安装牢固，位置准确。

组合钢模板在浇混凝土前，还应检查下列内容：

1. 扣件规格与对拉螺栓、钢楞的配套和紧固情况。

2. 斜撑、支柱的数量和着力点。

3. 钢楞、对拉螺栓及支柱的间距。

4. 各种预埋件和预留孔洞的规格尺寸、数量、位置及固定情况。

5. 模板结构的整体稳定性。

（二）模板拆除

现浇结构的模板及其支架拆除时的混凝土强度，应符合设计要求，当设计无要求时，应符合下列规定：

侧面模板：一般在混凝土强度能保证其表面及棱角不因拆除模板而受损坏后，方可拆除。

底面模板及支架：对混凝土的强度要求较严格，应符合设计要求。

拆模程序一般应是后支的先拆、先支的后拆；先拆非承重部分，后拆承重部分。重大复杂模板的拆除，应事先制订拆除方案。

拆除跨度较大的梁下支柱时，应先从跨中开始，分别拆向两端。

多层楼板支柱的拆除，应按下列规定进行：

1. 楼板正在浇筑混凝土时，下一层楼板的模板支柱不得拆除。

2. 再下层楼板模板的支柱，仅可拆除一部分。跨度 24m 的梁下均应保留支柱，其间距不得小于 3m。

3. 再下层的楼板模板支柱，当楼板混凝土强度达到设计强度时，可以全部拆除。

工具式支模的梁模板、板模板的拆除，事先应搭设轻便稳固的脚手架。拆模时应先拆卡具、顺口方木、侧模，再松动木楔，使支柱、桁架平稳下降，逐段抽出底模板和底楞木，最后取下桁架、支柱、托具等。

快速施工的高层建筑的梁和楼板模板，其底模及支柱的拆除时间，应对所用混凝土的强度发展情况分层进行核算，确保下层楼板及梁能安全承载。

在拆除模板过程中，如发现混凝土有影响结构安全的质量问题，应暂停拆除。经过处理后，方可继续拆除。

已拆除模板及其支架的结构，应在混凝土强度达到设计强度后，才允许承受全部计算荷载。当承受施工荷载大于计算荷载时，必须经过核算，加设临时支撑。

拆模时不要过急，不可用力过猛，不应对楼层形成冲击荷载。拆下来的模板和支架宜分类堆放并及时清运。

第五章　土木工程项目管理

第一节　土木工程项目管理的基本知识

工程项目管理与项目管理有很大的联系，但同时由于工程项目本身独有的特点，又赋予了工程项目管理某些特定的内容。在信息技术不断运用与完善的大环境下，工程项目管理正在向全新的方向发展。

一、项目与项目管理

（一）项目的概念和特征

项目是被承办的、旨在创造某种独特产品或服务而做出的临时性努力。一般来说，项目具有明确的目标和独特的性质：每一个项目都是唯一的、不可重复的，具有不可确定性、资源成本约束性等特点。

项目管理的对象是具体的项目，而项目的特征又成为判断某类事物项目属性的重要依据，其主要有以下几点特征：第一，项目资源和成本的约束性。项目的实施是企业或者组织调用各种资源和人力来实施的，但这些资源都是有限的，而且组织为维持日常的运作，不会把所有的人力、物力和财力放于这一项目上，投入的仅仅是有限的资源。第二，时限性。时限性是指每一个项目都有明确的开始和结束时间。当项目的目标都已经达到时，该项目就结束了；当项目的目标确定不能达到时，该项目就会终止。时限是相对的，并不是说每个项目持续的时间都短，而是仅指项目具有明确的开始和结束时间，有些项目需要持续几年，甚至更长时间。第三，项目的不确定性。项目的实施过程中，所面临的风险比较多，一方面是因为经验不丰富、环境不确定；另一方面就是生产的产品和服务具有独特性，在生产前对这一过程并不熟悉，因此，项目实施过程中所面临的风险比较多，具有明显的不确定性。第四，项目的唯一性，或者说独特性。区别一种或一系列活动是不是项目，其重要的标准就是辨别这些活动是否生产或提供特殊的产品和服务，这就是项目的唯一性。每一个项目的产品和服务都是唯一的、独特的。第五，实施过程的一次性。项目是一次性任务，一次性是项目与重复性运作的主要区别。而且随着项目目标的逐渐实现、项目结果的移交和合同的终止，该项目也即结束。第六，冲突性。项目经理与一般经理相比，更多地生活在冲突的世界里。在项目中存在着各种冲突，如项目与各职能部门之间争夺人力、成本、权力等引发冲突，项目经理与各职能部门领导人、客户、项目小组成员之间的矛盾。可以看出，项目要想获得成功就必须解决好这些矛盾和冲突。

（二）建筑工程项目的概念与特征

建筑工程项目作为项目在土木工程层面上的一种具体形式，它是为完成依法立项的新建、改建、扩建的各类工程而进行的、有起止日期的、达到规定要求的一组相互关联的受控活动组成的特定过程，包括策划、勘察、设计、采购、施工、试运行、竣工验收和移交等。建筑工程项目的建设具有以下几个特点。

一是目标的明确性。建设项目以形成固定资产为特定目标，政府主要审核建设项目的宏观经济效益和社会效益，企业则更重视盈利能力等微观的财务目标。二是建设项目的整体性。在一个总体设计或初步设计范围内，建设项目由一个或若干个互相有内在联系的单项工程所组成，建设中实行统一核算、统一管理。三是过程的程序性。建设项目需要遵循必要的建设程序和经过特定的建设过程。一般建设项目的全过程都要经过提出项目建议书、进行可行性研究、设计、建设准备、建设施工和竣工验收交付使用六个阶段。四是项目的约束性。建设项目的约束条件主要有：时间约束，即要有合理的建设工期时限限制；资源约束，即有一定的投资总额、人力、物力等条件限制；质量约束，即每项工程都有预期的生产能力、产品质量、技术水平或使用效益的目标要求。五是项目的一次性。按照建设项目特定的任务和固定的建设地点，需要专门地单一设计，并应根据实际条件的特点，建立一次性组织进行施工生产活动，建设项目资金的投入具有不可逆性。六是项目的风险性。建设项目的投资额巨大、建设周期长、投资回收期长，其间的物价变动、市场需求、资金利率等相关因素的不确定性会带来较大风险。

（三）项目管理

项目管理有两种不同的含义：一是指一种管理活动，即项目管理者根据项目的特征，按照客观规律的要求，并运用系统工程的观点、理论和方法，对项目发展的全过程进行组织管理的活动。二是指一种管理学科，即以项目管理活动为研究对象的一门学科体系，它是探索项目组织与管理的理论与方法。本书所指的工程项目管理，是指以工程建设项目管理活动为研究对象、以建立和探索工程建设项目（工程建设项目管理的理论、规律、方法、学科）为目标的现代科学管理理论。项目管理综合运用了多种现代管理理论和方法，具有以下特点。

第一，管理思想的现代化。管理对象（项目）是由要素组成的系统，而不是孤立的要素，管理必须从系统整体出发，研究系统内部各子系统之间的关系、各要素之间的关系以及系统与环境之间的关系。因而，系统理论已成为现代项目管理的管理思想和哲学基础。在项目管理理论中，项目被看作一个开放的系统，即系统内部与环境之间有物质、能量和信息的交换。由于系统内部子系统的交互作用以及外部复杂因素的干扰，时常使得项目子系统不得不以不合理的方式运行，使得项目的实施偏离计划指标。为此，应及时将信息反馈，并加以处理即调整原计划，采取措施以纠正偏差。因此，为保证项目最终目标的实现，必须对项目的运行进行动态控制。

第二，管理组织的现代化。依据现代管理组织理论，采用开放系统模式，并用科学的法规和制度规范组织行为，确定组织功能和目标，协调管理组织系统内部各层次之间及同外部环境之间的关系，提高管理组织的工作效率。

第三，管理手段和管理方法的现代化。依据现代管理理论，应用数学模型、电子计算机技术、管理经验、管理者的才能和权威，通过定量分析与定性分析相结合，实现管理过程的系统化、网络化、自动化和优化，以提高项目管理的科学性和有效性。

二、工程项目管理

（一）概念

工程项目管理，是指应用项目管理的理论、观点和方法，对工程建设项目的决策和实施的全过程进行全面管理。

首先，管理的对象是工程建设项目发展周期的全过程，包括项目的可行性研究、设计、工程招投标以及采购、施工等工作内容，而不仅是其中的某一阶段，尤其不要误以为仅是针对工程项目的施工阶段。其次，管理的主体是多方面的。一般来说，在工程建设发展周期的全过程中，除业主为项目的顺利实现而实施必要的项目管理以外，设计单位、监理公司（如果业主有委托）、从事工程施工和材料设备供应的承包商和供应商等也分别有站在各自立场上的项目管理。另外，政府有关部门也要对项目的建设给予必要的监督管理。最后，任何一个工程建设项目都是一个投资项目，如果项目管理研究的着眼点是项目的价值形态资金运行，那么，它属于投资项目管理的研究范畴，而工程项目管理首要的着眼点是工程管理，当然应该应用项目管理的理论、观点和方法。

（二）任务

工程项目管理的任务，大致有以下六个方面：第一，建立项目管理组织。明确本项目各参加单位在项目周期实施过程中的组织关系和联系渠道，并选择合适的项目组织形式。做好项目实施各阶段的计划准备和具体组织工作，组建本单位的项目管理班子，聘任项目经理及各有关职能人员。第二，费用控制。编制费用计划（业主编制投资分配计划、施工单位编制施工成本计划），采用一定的方式、方法，将费用控制在计划目标内。第三，进度控制。编制满足各种需要的进度计划，把那些为了达到项目目标所规定的若干时间点，连接成时间网络图，安排好各项工作的先后顺序和开工、完工时间，确定关键线路的时间。经常检查计划进度执行情况，处理执行过程中出现的问题，协调各单体工程的进度，必要时对原计划做适当调整。第四，质量控制。规定各项工作的质量标准，对各项工作进行质量监督和验收，处理质量问题。质量控制是保证项目成功的关键任务之一。第五，合同管理。起草合同文件，参加合同谈判，签订并修改合同，处理合同纠纷、索赔等事宜。第六，信息管理。明确参与项目的各单位以及本单位内部的信息流，相互间信息传递的形式、时间和内容，确定信息收集和处理的方法、手段。

（三）特点

工程项目管理的特征表现在以下几个方面：

1. 一项复杂的工作

工程项目管理，尤其是现代的一些重点工程项目，具有规模大、范围广、投资大的特点，还广泛应用新技术、新工艺、新材料和新设备，集成性强，自动化程度高。整个工程项目由许多专业组成，有时有几十个、几百个甚至上千个组织机构参与才能完成，项目的复杂程度远远超过了以往，管理的复杂性也远远超过以往的工程项目。此外，现代工程项目管理的复杂性还表现在：必须较好地应用技术、经济、法律、管理学和社会学的理论知识，才能做好项目全过程的管理工作。

2. 一个动态的过程

工程项目管理是对某一具体工程建设项目的全过程管理。从项目的生命周期可以得出从项目筹划到建成竣工需要经过一个较长的时期（由工程项目的规模和复杂程度等决定这一时期的长短）。在此期间，项目的内外部环境都会发生各种变化，如业主的要求可能改变，具体的施工条件也会与勘察设计不同，市场供求、金融环境、政府的政策等也会不断变化，所有这些因素都不可能保持稳定不变。一个成功的工程项目管理必须对变化中的环境做出及时适当的反应，才能达成工程项目的目标。

3. 需要管理创新

工程项目的特征要求项目管理具有创新性。项目是一种创新的事业，所以项目管理可以简明地称为实现创新的管理或创新管理。每一个工程项目都有不同的目标、不同的资源条件、完全不同的社会环境和内部环境及利益相关者。因此，项目管理者不能用一成不变的管理模式、管理方法进行管理，必须随机地、适宜地采取新思维、新方法、新制度和新措施去进行工程项目的全过程管理，才能确保各个项目目标的实现。

4. 要有专门的组织

项目组织是由项目的行为主体构成的系统。现代工程项目的独特目标、特定的资源条件和技术经济特点都要求由专门的组织来进行管理，否则，按期达成项目的目标就成为一句空话。由于社会化大生产和专业化分工，一个项目的参加单位（或部门）可能有几个、几十个，甚至成百上千个，如业主、承包商、设计单位、监理单位、分包商、供应商等。它们之间通过行政或合同关系而形成一个庞大的组织体系，为了实现共同的项目目标而承担着各自的项目任务。项目组织是一个目标明确、开放、动态、自我形成的组织系统，组织保障是进行有效工程项目管理的前提条件。

5. 项目经理的核心作用

项目经理，即项目负责人，是项目管理的核心，负责项目的组织、计划及实施过程，以保证项目目标的成功实现，在整个项目全过程中起着十分关键的作用。项目经理的事业心、工作热情与投入、风险精神、阅历经验、组织能力、决策能力以及身体素质等，与整个项目的顺利实施和取得最佳效果密切相关。一个优秀的项目经理能够凝聚人心，激励大家努力奋斗，去实现项目的最终目标。

（四）各方项目管理的目标

1. 业主方

业主方的项目管理包括投资方和开发方的项目管理以及由工程管理咨询公司提供的代表业主方利益的项目管理服务。由于业主方是建筑工程项目实施过程的总集成者和总组织者，因此，对于一个建筑工程项目而言，虽然有代表不同利益方的项目管理，但业主方的项目管理是管理的核心。业主方项目管理服务于业主的利益，其项目管理的目标是项目的投资目标、进度目标和质量目标。三大目标之间存在着内在联系并相互制约，它们之间是对立统一的关系，在实际工作中，通常以质量目标为中心。在项目的不同阶段，对各目标的控制也会有所侧重，如在项目前期，应以投资目标的控制为重点；在项目后期，应以进度目标的控制为重点。总之，三大目标之间应相互协调，达到综合平衡。

2. 设计方

设计方项目管理主要服务于项目的整体利益和设计方本身的利益，其项目管理的目标包括：设计的成本目标、设计的进度目标、设计的质量目标及项目的投资目标。项目的投资目标能否实现，与设计工作密切相关。设计方项目管理工作主要在项目设计阶段进行，但也涉及设计前的准备阶段、施工阶段、动用前的准备阶段和保修期。

3. 施工方

施工方的项目管理主要服务于项目的整体利益和施工方本身的利益。其项目管理的目标包括：施工的安全目标、施工的成本目标、施工的进度目标和施工的质量目标。施工方的项目管理工作主要在施工阶段进行，但也涉及设计准备阶段、设计阶段、动用前的准备阶段和保修期。

4. 供货方

供货方项目管理主要服务于项目的整体利益和供货方本身的利益。其项目管理的目标包括：供货的成本目标、供货的进度目标和供货的质量目标。供货方的项目管理工作主要在施工阶段进行，但也涉及设计准备阶段、设计阶段、动用前的准备阶段和保修期。

5. 总承包方

建设项目总承包有多种形式，如设计和施工任务综合的承包，设计、采购和施工任务综合的承包等，这些项目管理都属于建设项目总承包方的项目管理。建设项目总承包方项目管理主要服务于项目的整体利益和总承包方本身的利益，其项目管理的目标包括项目的总投资目标和总承包方的成本目标、项目的进度目标和项目的质量目标。建设项目总承包方项目管理工作涉及项目实施阶段的全过程，即设计前的准备阶段、设计阶段、施工阶段、动用前的准备阶段和保修期。

第二节　土木工程项目管理机构

一项工程建设的全过程离不开项目管理机构的成立、运行与管理。要想在平衡进度、质量、安全等各方面要素的前提下完成工程的建设，就必须选择合理的工程项目管理组织形式，明确项目经理的职责，建立健全管理机构。

一、工程项目管理组织

（一）项目管理组织机构的设置原则

组织构成的要素一般包括管理层次、管理跨度、管理部门和管理职责四个方面。各要素之间密切相关、相互制约，在组织结构设计时必须考虑各要素间的平衡与衔接。

1. 目的性原则

施工项目组织机构设置的根本目的，是为了发挥组织功能，实现施工项目管理的总目标。从这一根本目标出发，就会因目标设置、因事设机构定编制，按编制设置岗位、确定人员，以职责定制度授权力。

2. 精干、高效原则

施工项目组织机构的人员设置，以能实现施工项目所要求的工作任务（事）为原则，尽量简化机构，做到精干、高效。人员配置要从严控制二三线人员，力求一专多能、一人多职。同时，还要增加项目管理班子人员的知识含量，着眼于使用和学习锻炼相结合，以提高人员素质。

3. 管理跨度和分层统一原则

管理跨度亦称管理幅度，是指一个主管人员直接管理的下属人员数量。跨度大，管理人员的接触关系增多，处理人与人之间关系的数量随之增大。对施工项目管理层来说，管理跨度更应尽量少些，以集中精力于施工管理。项目经理在组建组织机构时，必须认真设计切实可行的跨度和层次，画出机构系统图，以便讨论、修正，按设计组建。

4. 业务系统化管理原则

由于施工项目是一个开放的系统，由众多子系统组成一个大系统，各子系统之间，子系统内部各单位工程之间，不同组织、工种、工序之间，存在着大量结合部，这就要求项目组织也必须是一个完整的组织结构系统。恰当分层和设置部门，以便在结合部上能形成一个相互制约、相互联系的有机整体，防止产生职能分工、权限划分和信息沟通上的相互矛盾或重叠。要求在设计组织机构时以业务工作系统化原则做指导，周密考虑层间关系、分层与跨度关系、部门划分、授权范围、人员配备及信息沟通等，使组织机构自身成为一个严密、封闭的组织系统，能够为完成项目管理总目标而实行合理分工及协作。

5. 弹性和流动性原则

工程建设项目的单件性、阶段性、露天性和流动性，是施工项目生产活动的主要特点，必然带来生产对象数量、质量和地点的变化，带来资源配置的品种和数量的变化。于是要求管理工作和组织机构随之进行调整，以使组织机构适应施工任务的变化。这就是说，要按照弹性和流动性的原则建立组织机构，不能一成不变，要准备调整人员及部门设置，以适应工程任务变动对管理机构流动性的要求。

6. 项目组织与企业组织一体化原则

项目组织是企业组织的有机组成部分，企业是它的母体，归根结底，项目组织是由企业组建的。从管理方面来看，企业是项目管理的外部环境，项目管理的人员全部来自企业，项目管理组织解体后，其人员仍回到企业，即使进行组织机构调整，人员也是进出于企业人才市场的。施工项目的组织形式与企业的组织形式有关，不能离开企业的组织形式去谈项目的组织形式。

（二）工程项目管理组织方式

1. 职能式项目组织形式

层次化的职能式管理组织形式是当今世界上最普遍的组织形式，它是指企业按职能划分部门，如一般企业设有计划、采购、生产、营销、财务、人事等职能部门。采用职能式项目组织形式的企业在进行项目工作时，各职能部门根据项目的需要承担本职能范围内的工作，项目的全部工作作为各职能部门的一部分工作进行。也就是说，企业主管根据项目任务需要从各职能部门抽调人员及其他资源组成项目实施组织，这样的项目组织没有明确的项目主管经理，项目中各种职能的协调只能由处于职能部门顶部的部门主管来执行。

职能式项目组织的优点：资源利用上具有较大的灵活性；有利于提高企业技术水平；有利于协调企业整体活动。职能式项目组织的缺点：责任不明，协调困难；不能以项目和客户为中心；技术复杂的项目，跨部门之间的沟通更为困难，职能式项目组织形式较难适用。

2. 项目式组织形式

项目式组织结构是指根据企业承担的项目情况从企业组织中分离出若干个独立的项目组织，项目组织有其自己的营销、生产、计划、财务、管理人员。每个项目组织有明确的项目经理，对上接受企业主管或大项目经理的领导，对下负责项目的运作，每个项目组之间相对独立。

项目式组织结构的优点：以项目为中心，目标明确；权力集中，命令一致，决策迅速；项目组织从职能部门分离出来，使沟通变得更为简洁；有利于全面型管理人才的成长。项目式组织结构缺点：机构重复，资源闲置；项目式组织较难给成员提供企业内项目组之间相互交流、相互学习的机会；不利于企业领导整体协调；项目组成员与项目有着很强的依赖关系，但项目组成员与其他部门之间有着清晰的界限，不利于项目组与外界的沟通；项目式组织形式不允许同一资源同时分属不同的项目。

3. 矩阵式项目组织形式

矩阵式组织是项目式组织与职能式组织结合的产物，即将按职能划分的纵向部门与按项目划分的横向部门结合起来，构成类似矩阵的管理架构，当多个项目对职能部门的专业支持形成广泛的共性需求时，矩阵式管理就是有效的组织方式。在矩阵式组织中，项目经理对项目内的活动内容和时间安排行使权利，并直接对项目的主管领导负责，而职能部门负责人则决定如何以专业资源支持各个项目，并对自己的主管领导负责。一个施工企业如采用矩阵组织结构模式，则纵向工作部门可以是计划管理、技术管理、合同管理、财务管理和人事管理部门等，而横向工作部门可以是项目部。

矩阵式组织结构的优点：解决了传统模式中企业组织和项目组织相互矛盾的状况，把职能原则与对象原则融为一体；能以尽可能少的人力，实现多个项目管理的高效率；有利于人才的全面培养。矩阵式组织结构的缺点：由于人员来自职能部门，且仍受职能部门控制，故凝聚在项目上的力量减弱；管理人员如果身兼多职地管理多个项目，便往往难以确定管理项目的优先顺序；项目组织中的成员既要接受项目经理的领导，又要接受企业中原职能部门的领导；矩阵式组织对企业管理水平、项目管理水平、领导者的素质、组织机构的办事效率、信息沟通渠道的畅通性，均有较高要求。

二、项目经理

（一）项目经理的职责

项目管理的主要责任是由项目经理承担的，项目经理的根本职责是确保项目的全部工作在项目预算范围内按时、优质地完成，从而使客户或业主满意。一般来说，项目经理主要具有以下职责。

1. 实现委托人的意愿

业主的项目经理受业主的委托代为管理项目，因此，他应对项目的资源进行适当地管理，保证在资源约束条件下所得资源能够被充分有效地利用，与委托人进行及时有效地沟通，及时汇报项目的进展状况，成本、时间等资源的花费，项目实施可能的结果，以及对将来可能发生的问题的预测，保证项目目标的实现，最终实现委托人的意愿。

2. 保证项目利益相关者满意

如果项目在原定目标、时间进度、预算以及其他各方面都满足了项目的原定要求，但项目其他各方不满意，那么，就不能说这个项目完全成功。项目经理应当在项目进行过程中指导项目班子同委托人、客户或其他各方保持密切联系，了解他们对项目的要求和期望变化的情况，协调他们之间的利益。在协调这些利益关系的同时，项目经理应该明确知道，自己在考虑委托人的利益的同时还应兼顾其他利益相关者，需要通过自己的工作，努力促进和增加项目的总体利益，从而使所有项目利益相关者都能够从项目中获得更大的利益，保证项目利益相关者满意。

3. 计划和组织项目工作

项目经理的计划职责主要是明确项目目标、界定项目的任务和编制项目的各种计划。同时，项目经理的组织职责主要是努力为项目的实施获得足够的人力资源、物力资源和财力资源，并组织建设好项目团队，合理地分配项目任务、积极地向下授权，及时解决各种矛盾和争端，开展对于全团队成员的培训等。

4. 指导和控制项目工作

项目经理在指导工作时，应充分运用自己的职权和个人权力去影响他人，给项目班子成员留有余地，准备适当的后备措施，为实现项目的目标而服务。当项目实施组织的领导或职能部门人员、客户、委托人或其他方面企图直接干预项目班子的工作时，项目经理应该虚心听取他们的意见和建议，但不能让他们直接指导和指挥项目班子成员。同时，项目经理应全面对项目进行监控，集成控制项目的工期进度、项目成本和工作质量，通过制定标准、评价实际、找出差距和采取纠偏措施等工作使项目的全过程处于受控状态。

（二）项目经理的基本业务素质

项目经理业务素质是各种能力的综合体现，包括核心能力、必要能力和增效能力三个层次。其中，核心能力是创新能力，必要能力包括决策能力、组织能力和指挥能力，增效能力包括控制能力和协调能力。这些能力是项目经理有效行使职责，充分发挥领导作用所应具备的主观条件。

1. 创新能力

由于项目的一次性特点，使项目不可能有完全相同的经验可以参照，再加上激烈的市场竞争，因此项目经理必须具备一定的创新能力。创新能力要求项目经理敢于突破传统的束缚。传统的束缚主要表现在社会障碍、思想方法障碍和习惯的障碍等方面，如果项目经理完全被已有的框框束缚住，那么真正的创新是不可能的。

2. 决策能力

决策能力是指项目经理根据外部经营条件和内部经营实力，构建多种建设管理方案并选择合理方案、确定建设方向的能力。项目经理的决策能力是项目组织生命机制旺盛的重要因素，也是检验其领导水平的一个重要标志。

3. 组织能力

组织能力是指项目经理为了实现项目目标，运用组织理论指导项目建设活动，有效、合理地组织各个要素的能力。组织能力主要包括：组织分析能力、组织设计能力和组织变革能力。组织分析能力是指项目经理依据组织理论和原则，对项目现有组织的效能、利弊进行正确分析和评价的能力；组织设计能力是指项目经理从项目管理的实际出发，对项目管理组织机构进行基本框架设计，以提高组织管理效能的能力；组织变革能力是指项目经理执行组织变革方案的能力和评价组织变革方案实施成效的能力。

4. 指挥能力

项目经理的指挥能力体现在正确下达命令的能力和正确指导下级的能力两个方面。坚持下达命令的单一性和指导的多样性的统一，是项目经理指挥能力的基本内容，而要使项目经理的指挥能力有效发挥,还必须制定一系列有关的规章制度,做到赏罚分明、令行禁止。

5. 控制能力

项目经理的控制能力体现在自我控制能力、差异发现能力和目标设定能力等方面。自我控制能力是指项目经理通过检查自己的工作，进行自我调整的能力；差异发现能力是对执行结果与预期目标之间产生的差异能及时测定和评议的能力；目标设定能力是指项目经理应善于制定量化的工作目标和与实际结果进行比较的能力。

6. 协调能力

协调能力是指项目经理能正确处理项目内外各方面关系、解决各方面矛盾的能力。一方面，要有较强的能力协调团队中各部门、各成员的关系，全面实施目标；另一方面，能够协调项目与社会各方面的关系，尽可能地为项目的运行创造有利的外部环境，减少或避免各种不利因素对项目的影响，争取项目得到最大范围的支持。现代大型工程项目的管理，除了需要依靠科学的管理方法、严密的管理制度之外，很大程度上要靠项目经理的协调能力。协调主要是协调人与人之间的关系。协调能力具体表现在：解决矛盾的能力、沟通的能力、鼓动和说服的能力。

（三）现代项目经理的管理技巧

1. 队伍建设技巧

建设一支能战斗的项目队伍是项目经理的基本功之一。队伍建设涉及各种管理技巧，但主要的应能创造一种有利于协作的气氛，把参加项目的所有人员统筹安排到项目系统中去。因此，项目经理必须培养一种具有以下特征的工作风气：队伍成员专业致力于项目工作；人与人之间良好的关系和协作精神；必要的专长和资源条件；有明确的项目目标和要求；个人之间和小组之间矛盾的有害程度小。

2. 解决矛盾的技巧

首先，了解组织和行为因素之间的相互关系，以便建立有利于发挥队伍热情的环境，这将会加强积极合作和将有害于工作的矛盾减少到最低限度。其次，为了实现项目的目标和决议，应与各级组织进行有效地联络沟通。定期安排情况审查会议可作为一种重要的联系方法。最后，找出矛盾的决定因素及其在项目周期内发生的时间，制订有效的项目计划及应急措施，取得高级管理阶层的保障和参与，这一切有助于在矛盾成为阻碍项目作业的因素之前避免或最大限度地减少许多矛盾。

矛盾产生的价值取决于项目经理促进有益争论，同时又将其潜在的危险后果减少到最低限度的能力。有才能的经理需要具有"第六种感官"来指明何时需要矛盾、哪种矛盾是有益的，以及在给定情况下有多少矛盾是最适宜的。总之，他不但要对项目本身负责，而且还要对所产生矛盾使项目成功或失败负完全责任。

3. 取得高级管理阶层支持的技巧

项目经理周围有许多组织，他们或支持，或控制，或制约项目活动。了解这些关系对于项目经理是很重要的，因为它可以提高他们与高级管理阶层建立良好关系的能力。项目组织是与许多具有不同爱好和办事方法的人员共同分享权力的系统，这些权力系统有一种均衡的趋势。只有获得高级管理阶层支持的强有力的领导才能避免发生不良的倾向。

4. 资源分配技巧

总项目组织一般有很多经理，因此，在资源分配方面需要根据任务目标，搞好平衡和分配。有效而详尽的总项目计划可能有助于完成所承担的任务和自我控制；部分计划是为资源分配奠定基础的工作说明；要在完成的任务和有关预算、进度方面与所有关键的人物达成协议十分重要。理想的做法应当是：在项目形成的早期，如投资阶段，通过关键人物的参与应该得到规划、进度和预算方面的保障。这正是仍然可以变动并能对作业、进度和预算参数进行平衡调整的时候。

第三节　土木工程项目管理模式

工程项目管理模式无论是在国内还是国外，都经历了漫长的发展过程，在工程实践经验积累的基础上，逐渐形成了多种管理模式并存的局面。根据工程及业主的需要，选择合适的工程项目管理模式，势必会对工程的建设起到事半功倍的作用。

一、传统项目管理模式

（一）设计 – 招标 – 建造模式

设计 – 招标 – 建造（以下简称 DBB 模式），这种模式首先由业主先委托建造咨询师进行项目前期的评估、设计和规划，待相关工作完成之后，再根据项目的性质，通过招标工作选择相应的工程承包商。在 DBB 模式中存在三方主体：工程业主方、设计方以及工程承包商，业主分别与设计方、工程承包方签订合同。这种模式是国际上比较通用的模式。

DBB 模式的优点：首先业主选择咨询工程师对项目进行前期的评估会侧重于选择质量过硬的设计咨询机构，选择的设计咨询机构管理会比较成熟，这就使得项目前期的评估的准确度更精确；业主选择的设计方和施工方是相互独立的，这样就使得这两方可以相互监督，确保项目的质量；业主采用招标的方式来选择施工承包方，节约成本费用。

DBB 模式的缺点：项目的实施必须分阶段进行，这样就使施工的建设周期加长；业主选择咨询管理机构，项目前期费用增多，加大了管理的费用；由于项目前期的咨询工程机构与进行施工的承包商相互独立，可能导致设计方案实施的困难性，设计修改频繁，两方协调困难，出现事故之后责任划分不明确，索赔事项增多。

（二）设计 – 建造模式

设计 – 建造模式（DB 模式）在国际上也被称交钥匙模式、一揽子工程，在中国称为设计 – 施工总承包模式。具体而言，DB 模式是指在项目的初始阶段，业主邀请几家有资格的承包商，根据项目确定的原则，各承包商提出初步设计和成本概算，中标承包商将负责项目的设计和施工的一种模式。

DB 模式具有明显的优缺点。具体而言，DB 模式主要有以下几个方面的优势：业主和承包商密切合作，从项目开始规划直至项目规划验收完成，业主和承包商的有效合作可以明显减少协调的时间和费用；在参与初期，承包商将其掌握的丰富的从业知识和经验（如材料、施工方法、结构、价格和市场等）用于设计中，有利于控制成本，降低造价。

DB 模式是一种较成熟的建设工程项目管理模式，但其缺点同样突出，总结起来主要有如下五点：一是业主对最终设计和细节控制能力较低。研究成果显示，DB 模式是业主对设计最缺乏控制能力的模式。二是承包商的作用被放大，尤其是承包商的设计方案对工程经济性具有极大影响，在DB模式下承包商须承担更大的风险。三是建筑质量的控制主要取决于业主在招标时对建筑功能描述是否完善，且总承包商的水平对设计质量有较大影响。四是出现时间较短，缺乏特定的法律、法规约束，没有专门的险种予以保护。五是交付方式操作复杂，竞争性较小。

（三）建筑工程管理模式

建设管理，这种模式一般采用快速路径法，在项目的初始阶段业主就聘请有较多施工经验的建设公司参与进来，与项目的设计人员一起加入建筑工程的计划设计中，设计方与施工方可以进行直接沟通，施工方可以对项目设计方提出一些建议，以符合日后施工的要求，在设计结束之后，建设公司负责建筑项目的施工管理。CM模式将建筑工程项目划分为若干个建设阶段，分别对每个阶段实行设计—招标—施工，即“边设计、边施工”。根据所承担风险的不同，CM模式又可以分为两种模式：代理型CM模式和风险型CM模式。

CM模式的优点：第一，工程项目建设时间短。在CM模式下，设计和施工之间不存在明确的界限，先设计再施工的线性传统模式被打破，将其取代的是非线性的阶段性的施工方法，即将工程项目划分成若干个阶段，每个阶段都可以分别进行设计工作、施工工作，两者在时间上交错进行，从而加快了建筑工程项目的建设速度。第二，建设管理单位早期介入使得设计变更变少，提高了工程项目设计的质量，大大改善了设计和施工相分离的状况。在项目早期，业主就确定了建设管理单位、承包单位等，由他们一起完成项目的各项管理工作，使得两者有更强的联系性、良好的协调性，项目设计修改变少，协调关系加强。

CM模式的缺点：第一，对建设管理单位有比较高的要求。在这种模式下，选择建设管理单位就是帮助业主提供准确、合理的咨询，为业主提供相应的管理服务，因此，建设管理单位要求有较好的信誉以及高专业素质的人才。第二，选择CM的合同模式一般都是“成本＋利润”的模式，但是这种合同模式在我国较少用到，对于这种合同模式的使用还比较少，比较欠缺。

（四）建造－运营－移交模式

建造－运营－移交模式，以下简称BOT模式，是指一国财团或投资人充当该项目的发起人，通过某个国家的相关政府行政部门获得某项目基础设施的建设特许权，再独立式地联合其他方组建项目公司，负责完成项目的融资、设计、建造和经营的过程。在整个特许期内，项目公司通过项目的经营获得利润，再使用该利润偿还债务。在特许期满之时，整个项目再由项目公司通过无偿或以极少的名义价格等方式移交给东道国政府。

BOT模式主要优点总结如下：一是可以有效降低政府主权借债和还本付息的责任；二是将公营机构的风险转移给私营承包商承担，从而避免公营机构承担项目的全部风险；三是能够有效吸引国外投资方的注意，利用BOT模式可以有效利用国外投资方来支持国内相关的基础设施建设，从而有力解决大部分发展中国家缺乏资金难以展开相关基础设施建设的瓶颈问题；四是从学习国际先进技术和管理经验角度来说，这种项目通常都由国外有资质的公司或投资方来进行承包，这样对项目所在国而言就带来先进的技术和管理经验。这样既给本国的承包商带来较多的发展机会，也促进了国际经济的融合，促进了本国相关公司对先进技术、经验的学习和使用过程。

二、现代项目管理模式

（一）EPC（设计 – 采购 – 施工总承包）模式

EPC 即设计 – 采购 – 施工，是指投资方或业主仅选择一个主要项目承包商，由其直接负责整个项目的设计、采购、施工等，最终根据合同要求，完成整个项目并交付投资方或业主使用。EPC 模式一般适用于工程规模较大、工期较长、技术较复杂的项目。EPC 模式的重要特点之一就是需要充分发挥市场机制作用，业主或投资方对 EPC 承包商提出的主要要求相对简单，如工程预期结果、工程预期、使用施工技术等一些基本要求。这样做的好处是给予 EPC 承包商的最大自主管理模式，能发挥承包商的主观能动性，承包商会在有限的资源内与业主投资方和其他分包商共同寻找最经济和最有效的工程实施方法。

EPC 模式优点：首先，从投资方业主的角度来考虑 EPC 管理模式的优点，可以有效避免由于业主或投资方在项目管理方面的经验和知识不足的困境，可以将未知的风险转嫁于 EPC 承包商。业主或投资方可间接参与项目管理，为 EPC 管理承包商提供有利建议。其次，从 EPC 总承包商的角度来考虑，可以最大限度上给予承包商的发挥空间，从设计、采购到施工等环节都能体现自身公司实施优势。虽然 EPC 模式下的风险较大，且主要承担者为企业本身，但如果控制管理得当，能最大地实现盈利，将风险转化为利润。

EPC 模式的缺点：EPC 模式的使用需要有能力的总承包商来实行，目前国内全面的、高质量的总承包队伍还很少；整个项目的质量控制、工期控制以及成本控制都由总承包商来管理，风险都需要由总承包商来承担；承包商对整个项目实施控制管理，业主对项目的控制较少，对承包商的监督力量很弱；在 EPC 模式下，出于各个方面的考虑，承包商给出的项目估价要高于传统模式下的估价，过高的估计会使得整个项目可行性降低。

（二）PMC（项目管理承包）模式

项目管理承包模式一般是指业主聘请有优秀的技术、管理、人才的项目管理承包商作为业主的延伸，代表业主对工程项目进行管理。在工程项目的不同阶段，项目管理承包商的工作内容也不同：在项目的启动阶段，项目管理承包商主要负责项目的前期策划，帮助业主对项目做可行性研究。随后帮助业主进行项目的融资活动，减少项目的风险。再之后便是负责项目的基础性设计，编制专业的技术设计方案，确定设计、采购、施工等方面的承包商；在项目的执行阶段，项目管理承包商作为业主的代表，对各承包商进行监督管理，并将情况及时反映给业主，其管理的内容包括了项目设计单位、设备材料供应商、工程采购商以及施工总承包商，并对工程项目的进度、成本以及质量负责。在这种模式下，项目管理承包商是项目业主的延伸，项目管理承包商和业主从项目的启动阶段开始到执行阶段再到最后的投产都有着相同的目标和一致的利益方向。

PMC 模式的优点：在 PMC 模式中，项目管理承包商都具备专业化的、全过程管理的能力，对于整个项目的管理水平有着很好的提高作用；在项目的初期阶段，项目管理承包商可以和业主一起，帮助业主完成融资活动，使融资工作可以顺利进行，减少风险；使用 PMC 模式时，合同模式基本都是使用了成本加薪酬的模式，在这种模式下，对各方都有了一定的约束和激励，有助于降低成本；有了项目管理承包商，业主可以减少工程建设期的组织管理机构。

PMC 模式的缺点：业主的参与程度降低，监管有限；采用 PMC 模式的项目基本都是规模比较大的、比较复杂的项目，因此就需要找一个高资质、高水平的项目管理承包商，但是高质量的项目管理承包商还是比较少，很难找到合适的管理承包商。

（三）IPMT（一体化项目管理团队）模式

IPMT 指“一体化项目管理团队”。一体化项目管理是指业主方与工程项目管理咨询方按照约定的合作方式，共同构建一个项目管理部门，将原本不同的工程项目参与方的人员通过合理的分配，组成一套全新的工作班底。具体工作内容受到投资方预期的管理目标约束。其中“一体化”包含如下多方面因素。

第一，组织和人员安排配置一体化。将不同参与主体的工作人员按照各自工作知识、经验、技能进行合理评估，通过分析得到重新分配，使得每个员工的作用发挥最大。第二，项目程序体系一体化。在项目程序设计阶段，合理规划各个参与主体的自身管理程序，从中探寻一套和谐的管理程序体系，使得每个主体适应全新组织运行模式。第三，工程建设环节与管理目标一体化。通过了解每个参与主体的管理目标，将其进行合理整合，设计一套统一的项目管理目标，并在工程建设的每个环节中得到体现。

一体化项目管理目标是规范大型工程项目的总体管理系统和程序，促进设计的标准化、资源配置优化、管理组织的整体性，以实现四大管理目标。从业主角度来分析该模式的优点，有以下七点。

第一，业主与项目管理公司利用自己专业优势，通过合理的优势与特长互补，来使得资源利用最大化；第二，由于项目组织结构整合为一体，IPMT 使得业主能更有效地管理公司，简化管理过程，信息沟通更为方便，工作效率得到提高；第三，业主在自己原有专业的基础上，学习项目管理承包公司的工作经验，以提高今后项目的管理素质；第四，业主能够合理安排自己工作任务，由于目标统一，业主可将自己原有的大部分项目管理工作内容转交给管理承包商，使得自身可将精力放在专业技术管理、资金筹措等核心业务上；

第五，充分利用项目管理承包公司的经验，业主可对整个项目的各个方面进行最优管理；第六，业主通过直接使用项目管理承包公司的管理工具，使得业主自身参与人员能更快速地了解项目管理承包公司管理体系知识，为今后类似工程提供管理经验；第七，一般而言，业主方的专业管理人员数量有限，一体化项目管理模式能使得业主投入少量人员参与大量的项目管理控制，更多地掌握项目。

IPTM 模式的缺点：一旦项目出现了差错，根据合同很难界定是业主或是项目管理承包商的责任；由于需要两方的相互合作，不同的思想观念、不同的体系建设都很可能导致分歧的产生，这时就应该要加强两方之间的交流，统一思想，增强合作观念，尽量减少不必要的冲突。

三、工程管理模式的选择因素

第一，工程业主的自身能力。对于工程业主来说，想要出色地完成工程项目，要考虑的自身能力有很多方面。比如：自身对工程项目整体的管理能力、自身具备的工程技术、自身有充足的工程经验等。工程业主是整个工程项目的投资者，也是工程施工过程和完工之后的管理者，业主自身的能力直接决定了整个项目工程要选择的工程管理模式。

第二，工程项目的实际情况。建筑工程的实际情况也在很大程度上决定着工程项目的管理模式。工程项目的实际情况指的就是工程的具体规模、工程对施工技术支持的需求、施工过程中可能碰到的各种各样不确定情况等。整个工程项目的规模大小与工程需要的技术支持、要承担的施工风险是成正比的，而整个工程项目从设计到开始施工和最后完成，有可能会遇到很多的不确定情况，这些都有可能给工程顺利进行带来很大隐患。所以，工程项目的实际情况也会被考虑进管理模式的选择中。

第三，对工程的具体要求。一个工程项目的质量、成本、进度等方面需要进行严格控制，对每个方面的把控都会影响到整个工程最后的完成情况。根据业主对具体工程项目需求的不同，项目都会出现具体的侧重方向，有的要求把工程质量作为重点，相对的工程进度和成本就一定会更多，而有的要求加快工程的完工速度，所以在工程质量上可能就要差一些。

第四，外部影响因素。对建筑工程项目来讲，除了一些自身的因素之外，还要受到很多外界因素的影响，比如：法律对合同条款的要求、环境影响评价过关与否、政府发布的政策文件等，都会对工程项目的实施产生影响。

第四节　土木工程项目沟通管理

由于工程项目建设涉及的单位众多，协调好各方之间的关系，保护各方的利益，最好的方式就是进行沟通。工程项目沟通管理在项目建设过程中发挥着至关重要的作用，是工程顺利建设的根本保障。

一、沟通管理概述

（一）内涵

沟通就是信息的交流，工程项目沟通管理是指对工程项目实施过程中各种不同方式和不同内容的沟通活动进行全面管理。这一管理的目标是保证有关项目的信息能够适时地以合理的方式产生、收集、处理、贮存和交流。项目沟通管理是对项目信息和信息传递的内容、方法和过程的全面管理，也是对人们交换思想和交流感情（与项目工作有关的）活动与过程的全面管理。项目管理人员都必须学会使用“项目语言”去发送和接收信息，去管理和规范项目的沟通活动和沟通过程。因为成功的项目管理离不开有效的沟通和信息管理，对项目过程中的口头、书面和其他形式的沟通进行全面管理是项目管理中一项非常重要的工作。

（二）沟通管理的类型

沟通管理按照信息流向的不同，可分为下向沟通、上向沟通、平行沟通、外向沟通、单向沟通、双向沟通；按沟通的方法不同，可分为正式沟通、非正式沟通、书面沟通、口头沟通、言语沟通、体语沟通；按沟通渠道的不同可分为链式沟通、轮式沟通、环式沟通、Y 式沟通、全通道式沟通。

（三）沟通的作用

项目经理最重要的工作之一就是沟通，通常花在这方面的时间应该占到全部工作的 75% 以上。沟通在工程项目管理中的作用如下。

第一，激励。良好的组织沟通，可以起到振奋员工士气、提高工作效率的作用。第二，创新。在有效沟通中，沟通者互相讨论，启发共同思考、探索，往往能迸发创新的火花。第三，交流。沟通的一个重要职能就是交流信息，例如，在一个具体的建筑项目中，业主、设计方、施工方、监理方要通过定期经常的例会，使各部门达成共识，更好地推进项目的进展。第四，联系。项目主管可通过信息沟通了解业主的需要、设备方的供应能力及其他外部环境信息。第五，信息分发。在信息社会中，获得信息的能力和对信息占有的数量及质量对于规避风险、管好项目是不可替代的。有不少项目缺乏效率甚至失败，就是因为没有很好地管理项目的信息资源。所谓信息分发，就是把有效信息及时准确地分发给项目的利益相关者。

二、工程项目利益相关方之间的沟通

（一）与建设单位的沟通

建设单位是工程项目的所有者，行使项目的最高权力，而项目管理机构是为建设单位提供管理服务，必须服从建设单位的决策、指令。工程项目要取得成功，必须获得建设单位的认可，做好项目管理机构与建设单位之间的沟通工作。

首先，建设单位和项目管理单位之间是一种委托关系，做好双方的沟通，关键是要加强双方的理解。许多项目经理不希望建设单位过多地介入项目，事实上，建设单位不介入项目是不可能的。建设单位通常是其他专业或领域的人，可能对工程项目懂得很少，这是事实，但这并不完全是建设单位的责任，很大一部分是项目经理的责任。解决这个问题比较好的办法是，项目经理首先要对项目的总目标和建设单位的意图有一个准确的理解，要反复阅读合同或项目任务文件，让建设单位参与到项目的全过程中来。一方面，要执行建设单位的指令，使建设单位满意，采取换位思考的方式思考问题，即站在建设单位的立场上考虑建设单位的需求，明确建设单位到底需要什么样的服务，从而减少与建设单位之间的冲突；另一方面，要向建设单位解释说明项目和项目过程，使其学会项目管理方法，减少其非程序干预和越级指挥。其次，尊重建设单位，随时向建设单位报告情况。在建设单位进行决策时，应向其提供充分的信息，让其了解项目的全貌、项目实施状况、方案的利弊得失及对目标的影响。最后，建设单位在委托项目管理任务后，应将项目前期策划和决策的全过程向项目经理做全面的说明和解释，并提供详细的资料。

（二）与参建单位的沟通

参建单位主要是指设计单位、监理单位、施工承包单位、材料供应单位，他们与项目管理单位没有直接的合同关系，但必须接受项目管理机构项目经理的领导、组织、协调和监督。

第一，应让各参建单位理解项目的总目标、阶段目标及各自的目标、项目的实施方案，各自的工作任务及职责等，应向他们解释清楚，做详细说明，增加项目的透明度。这不仅应体现在技术交底中，而且应贯穿在整个项目实施过程中。第二，指导和培训各参建单位适应项目工作，向他们解释项目管理程序、沟通渠道与方法，指导他们并与他们一同商量如何工作，如何把事情做得更好。第三，建设单位将具体的项目管理任务委托给项目经理，赋予其很大的处置权力。但项目经理在观念上应该认为自己是提供管理服务，不能随便对参建单位动用处罚权（如合同处罚），或经常以处罚相威胁（当然有时不得已必须动用处罚权）。应经常强调自己是在提供服务和帮助，强调各方面利益的一致性和项目的总目标。第四，为了减少对抗、消除争执，取得更好的激励效果，项目经理应主动并鼓励参建单位将项目实施状况的信息、实施结果、遇到的困难、心中的不平和意见与其进行交流和沟通。总之，各方面了解得越多、越深刻，项目中的争执就越少。

（三）项目管理机构内部沟通

在项目管理机构内部沟通中，项目经理起着核心作用，如何协调各职能部门工作，激励项目管理机构成员，是项目经理的重要课题。通过项目管理机构内部沟通，使每个项目管理成员了解与各自岗位工作有关的信息，相互合作和支持，发扬团队协作精神，激发每个成员的积极性，共同努力做好项目管理工作。

项目经理应加强与技术人员的沟通，积极引导和发挥技术人员的作用，同时注重方案实施的可行性和专业之间的协调，建立完善的项目管理系统，明确划分各自的工作职责，设计比较完善的管理工作流程，明确规定项目的正式沟通方式、渠道和时间，使大家按程序、按规则办事。由于工程项目的特点，项目经理更应注意从心理学、行为科学的角度激励各个成员的积极性，尽量采用民主的工作作风，不要独断专行，要关心各个成员，建立和谐的工作气氛，礼貌待人，多倾听他们的意见、建议，公开、公平、公正地处理事务。

（四）项目经理与职能部门经理的沟通

项目经理与职能部门经理之间的沟通是十分重要和复杂的，特别在矩阵式组织中，职能部门必须对项目提供持续的资源和管理工作支持，他们之间有高度的相互依存性。在项目经理与职能部门经理之间自然会产生矛盾，在组织设置中他们之间的权力和利益平衡存在着许多内在的矛盾。项目的每个决策和行动都必须跨过此界面来协调，而项目的许多目标与职能管理差别很大。

项目经理本身能完成的工作很少，他们必须依靠各职能部门经理的合作和支持，所以在此界面上的协调是项目成功的关键。项目经理必须与职能部门经理建立良好的工作关系，当与职能部门经理出现不协调时，尽量不要将矛盾提交企业的高层领导处解决。有的项目经理可能被迫到企业最高领导处寻求解决，将矛盾上交，但这样常常会激化他们之间的矛盾，使以后的工作更难协调。同时，项目经理与职能部门经理之间应建立一个清楚、便捷的信息沟通渠道，不能相互发号施令。职能部门经理变成项目经理的任务接受者，他的作用和任务是由项目经理来规定和评价的，同时他还对职能部门的全面业务和他的正式上级负责。所以职能经理感到项目经理潜在的“侵权”或“扩张”动机，感到他们固有的价值被忽视了，自主地位被降级，不愿意对实施活动承担责任。

三、工程项目中的沟通障碍与管理措施

（一）工程项目沟通障碍

沟通障碍导致信息没有达到目的，或使另一方产生误解，是导致项目失败的重要原因。要想最大限度保障沟通顺畅，就要当信息在媒介中传播时尽力避免各种干扰，使得信息在传递中保持原始状态。信息发送出去并接收到之后，双方必须对理解情况做检查和反馈，确保沟通的正确性。

1. 沟通障碍的类型

沟通障碍产生于个人的认知、语义的表达、个性、态度、情感和偏见以及组织结构的影响和过大的信息量等方面。认知障碍的产生是由于对于同一条信息，不同的人有不同角度的理解，影响认知的因素包括个人受教育的程度和过去的经历；语义表达障碍的产生是由于人与人之间的信息沟通主要是借助于语言进行的，而语言只是交流思想的工具，是表达思想的符号系统，并不是思想本身；在信息沟通中有很多障碍是由心理因素引起的，如个人的态度、情感和对某些信息的偏见等，都可能引起沟通障碍；由于有不同的好恶，因此人们的兴趣爱好也就不尽相同，具有较大的差别。人们容易对感兴趣的问题听得仔细，对不熟悉、枯燥的、不感兴趣的问题就听不进去，从而形成沟通障碍；信息并非越多越好，信息过量反而会成为沟通的障碍因素。信息在传递过程中，渠道的选择和信息符号不匹配，会导致信息无法有效传递或传递失误；沟通环境的障碍主要包括社会环境、组织结构方面和组织文化方面的障碍。社会环境是影响沟通的大环境，组织应当采取合理的组织结构以适应社会环境，利于信息沟通。如果组织结构过于庞大，中间层次太多太杂，那么不仅容易使信息传递失真、遗漏，而且还会浪费时间，影响信息传递的及时性和信息沟通的有效性，最终影响工作效率。

2. 越过沟通障碍的方法

一是系统思考，充分准备。在进行沟通之前，信息发送者必须对其要传递的信息有详尽的准备，并据此选择适宜的沟通通道、场所等。二是沟通要因人制宜。信息发送者必须充分考虑接收者的心理特征、知识背景等状况，以此调整自己的谈话方式。三是充分运用反馈。许多沟通问题是由于接收者未能准确把握发送者的意思而造成的，如果沟通双方在沟通中积极使用反馈这一手段，就会减少这类问题的发生。四是积极倾听。积极倾听要求你能站在说话者的立场上，运用对方的思维架构去了解信息。五是调整心态。情绪对沟通的过程有着巨大影响，过于兴奋、失望等情绪一方面易造成对信息的误解，另一方面也易造成过激的反应。六是注意非言语信息。非言语信息往往比言语信息更能打动人。因此，如果你是发送者，必须确保你发出的非语言信息能强化语言的作用，体语沟通非常重要。

七是组织沟通检查。组织沟通检查是指检查沟通政策、沟通网络以及沟通活动的一种方法。这一方法把组织沟通看成实现组织目标的一种手段，而不是为沟通而沟通。

（二）工程项目沟通管理措施

第一，提高发送者语言沟通技巧和能力。信息发送者要表达自己的想法，可以结合手势和表情动作等非语言形式来交流，以增强沟通的生动性，使对方容易接受。使用语言文字时要简洁、明确，措辞得当，进行非专业沟通时，少用专业术语。此外，发送者要言行一致，创造一个相互信任、有利于沟通的小环境，有助于相互之间真实地传递信息和正确地判断信息，避免因偏激而歪曲信息。第二，注重信息传递的及时性、准确性。注重正式沟通方式和非正式沟通方式的结合运用，书面沟通与口头沟通相结合。此外，应尽量减少组织机构的重叠，拓宽信息沟通的渠道。第三，坚持目标统一的原则。首先，项目参建各方要明确沟通的目的，应就总目标达成一致，在项目的设计、合同、组织管理等文件中贯彻总目标；其次，项目组织在项目的全过程中要顾及各方面的利益，使项目参建各方满意。另外，为达到统一的目标，工程项目的实施过程必须有统一的指挥、统一的方针和政策。第四，设置合理的组织机构，营造和谐气氛。一个项目可以选择一种或多种高效率、低成本的组织模式，以使各方面能够有效沟通。同时项目组织要坚持以人为本，注重人性化管理，项目组织的成员应注重自身修养，提高自身素质，营造项目组织的和谐气氛。第五，建立沟通反馈机制。在项目组织中重视双向沟通，双向沟通伴随反馈过程，使发送者及时了解信息在实际中如何被理解，接收者是否真正了解、是否愿意遵循、是否采取了相应的行动等。

第六章　土木工程项目进度管理

第一节　土木工程项目进度管理的基础认知

工程项目进度管理是工程项目建设中与工程项目质量管理、工程项目费用管理并列的三大管理目标之一。工程项目进度管理是保证工程项目按期完成，合理配置资源，确保工程项目施工质量、施工安全、节约投资、降低成本的重要措施，是体现工程项目管理水平的重要标志。

一、进度与工期

工程项目进度指工程项目实施结果的进展情况，工程项目实施过程中要消耗时间、劳动力、材料、费用等资源才能完成任务。通常工程项目的实施结果以项目任务的完成情况（工程的数量）来表达，但由于工程项目技术系统的复杂性，有时很难选定一个恰当的、统一的指标来全面反映工程的进度，工程实物进度与工程工期及费用不相吻合。在此意义上，人们赋予进度综合的含义，将工期与工程实物、费用、资源消耗等统一起来，全面反映项目的实施状况。可以看出，工期和进度是两个既互相联系又有区别的概念。

工期常作为进度的一个指标（进度指标还可以通过工程活动的结果状态数量、已完成工程的价值量、资源消耗指标等描述），项目进度控制是目的，工期控制是实现进度控制的一个手段。进度控制首先表现为工期控制，有效的工期控制才能达到有效的进度控制；进度的拖延最终一定会表现为工期的拖延；对进度的调整常表现为对工期的调整，为加快进度，改变施工次序，增加资源投入，实现实际进度与计划进度在时间上的吻合，同时保持一定时间内工程实物与资源消耗量的一致性。

二、进度与费用、质量目标的关系

根据工程项目管理的基本概念和属性，工程项目管理的基本目标是在有效利用、合理配置有限资源，确保工程项目质量的前提下，用较少的费用（综合建设方的投资和施工方的成本）和较快的速度实现工程项目的预定功能。因此，工程项目的进度目标、费用目标、质量目标是实现工程项目基本目标的保证。三大目标管理互相影响、互相联系，共同服务于工程项目的总目标。同时，三大目标管理也是互相矛盾的。许多工程项目，尤其是大型重点建设项目，一般项目工期要求紧张，工程施工进度压力大，经常性地连续施工。为加快施工进度而进行的赶工，一般都会对工程施工质量和施工安全产生影响，并会引起建设方的投资加大或施工方的成本增加。

综合工程项目目标管理与工程项目进度目标、费用目标和质量目标之间是相互矛盾又统一协调的关系，在工程项目施工实践中，需要在确保工程质量的前提下，控制工程项目的进度和费用，实现三者的有机统一。

三、工程目标工期的决策分析

（一）工程项目总进度目标

工程项目总进度目标指在项目决策阶段确定的整个项目的进度目标。其范围为从项目开始至项目完成的整个实施阶段，包括设计前准备阶段的工作进度、设计工作进度、招标工作进度、施工前准备工作进度、工程施工进度、工程物资采购工作进度、项目动用前的准备工作进度等。

工程项目总进度目标的控制是业主方项目管理的任务。在对其实施控制之前，需要对上述工程实施阶段的各项工作进度目标实现的可能性以及各项工作进度的相互关系进行分析和论证。

在设定工程项目总进度目标时，工程细节尚不确定，包括详细的设计图纸，有关工程发包的组织、施工组织和施工技术方面的资料，以及其他有关项目实施条件的资料。因此，在此阶段，主要是对项目实施的条件和项目实施策划方面的问题进行分析、论证并进行决策。

（二）总进度纲要

大型工程项目总进度目标的核心工作是以编制总进度纲要为主分析并论证总进度目标实现的可能性。总进度纲要的主要内容有：项目实施的总体部署；总进度规划；各子系统进度规划；确定里程碑事件（主要阶段的开始和结束时间）的计划进度目标；总进度目标实现的条件和应采取的措施等。主要通过对项目决策阶段与项目进度有关的资料及实施的条件等资料收集和调查研究，对整个工程项目的结构逐层分解，对建设项目的进度系统分解，逐层编制进度计划，协调各层进度计划的关系，编制总进度计划。当不符合项目总进度目标要求时，设法调整；当进度目标无法实现时，报告项目管理者进行决策。

（三）工程项目进度计划系统

工程项目进度计划系统是由多个相互关联的进度计划组成的系统。它是项目进度控制的依据。由于各种进度计划编制所需要的必要资料是在项目进展过程中逐步形成的，因此项目进度计划系统的建立和完善也有一个过程，是逐步形成的。工程项目进度计划系统可以按照不同的计划目的等进行划分。

（四）施工项目目标工期

施工阶段是工程实体的形成阶段，做好工程项目进度计划并按计划组织实施，是保证项目在预定时间内建成并交付使用的必要工作，也是工程项目进度管理的主要内容。为了提高进度计划的预见性和进度控制的主动性，在确定工程进度控制目标时，必须全面细致地分析影响项目进度的各种因素，采用多种决策分析方法，制定一个科学、合理的工程项目目标工期。

1. 以企业定额条件下的工期为施工目标工期。

2. 以工期成本最优工期为施工目标工期。

3. 以施工合同工期为施工目标工期。

在确定施工项目工期时，应充分考虑资源与进度需要的平衡，以确保进度目标的实现，还应考虑外部协作条件和项目所处的自然环境、社会环境和施工环境等。

第二节　土木工程项目进度控制措施

工程项目进度控制是项目管理者围绕目标工期的要求编制进度计划，付诸实施，并在实施过程中不断检查进度计划的实际执行情况，分析产生进度偏差的原因，进行相应调整和修改的过程。通过对进度影响因素实施控制及各种关系协调，综合运用各种可行方法、措施，将项目的计划工期控制在事先确定的目标工期范围之内。在兼顾费用、质量控制目标的同时，努力缩短建设工期。参与工程项目的建设单位、设计单位、施工单位、工程监理单位均可构成工程项目进度控制的主体。下面根据不同阶段不同的影响因素，提出针对性的工程项目进度控制措施。

一、进度目标的确定与分解

工程项目进度控制经由工程项目进度计划实施各阶段，是工程项目进度计划指导工程建设实施活动，落实和完成计划进度目标的过程。工程项目管理人员根据工程项目实施阶段、工程项目包含的子项目、工程项目实施单位、工程项目实施时间等设立工程项目进度目标。影响工程项目施工进度的因素有很多，如人为因素、技术因素、机具因素、气象因素等，在确定施工进度控制目标时，必须全面细致地分析与工程项目施工进度有关的各种有利因素和不利因素。

（一）工程施工进度目标的确定

施工项目总有一个时间限制，即为施工项目的竣工时间。而施工项目的竣工时间就是施工阶段的进度目标。有了这个明确的目标以后，才能进行有针对性地进度控制。确定施工进度控制目标的主要依据有：建设项目总进度目标对施工工期的要求；施工承包合同要求、工期定额、类似工程项目的施工时间；工程难易程度和工程条件的落实情况、企业的组织管理水平和经济效益要求等。

（二）工程施工进度目标的分解

项目可按进展阶段的不同分解为多个层次，项目进度目标可据此分解为不同进度分目标。项目规模大小决定进度目标分解层次数，一般规模越大，目标分解层次越多。工程施工进度目标可以从以下几个方面进行分解：

1. 按施工阶段分解。

2. 按施工单位分解。

3. 按专业工种分解。

4. 按时间分解。

二、进度控制的流程和内容

由工程项目进度控制的含义，结合工程项目概况，工程项目经理部应按照以下程序进行进度控制：

1. 根据签订的施工合同的要求确定施工项目进度目标，明确项目分期分批的计划开工日期、计划总工期和计划竣工日期。

2. 逐级编制施工指导性进度计划，具体安排实现计划目标的各种逻辑关系（工艺关系、组织关系、搭接关系等），安排制订对应的劳动力计划、材料计划、机械计划及其他保证性计划。如果工程项目有分包人，还须编制由分包人负责的分包工程施工进度计划。

3. 在实施工程施工进度计划之前，还需要进行进度计划的交底，落实相关的责任，并报请监理工程师提出开工申请报告，按监理工程师开工令进行开工。

4. 按照批准的工程施工进度计划和开工日组织工程施工。工程项目经理部首先要建立进度实施和控制的科学组织系统及严密的工作制度，然后依据工程项目进度管理目标体系，对施工的全过程进行系统控制。在正常情况下，进度实施系统应发挥检测、分析职能并循环运行，即随着施工活动的进行，信息管理系统会不断地将施工实际进度信息按信息流动程序反馈至进度管理者，经统计分析，确定进度系统无偏差，则系统继续进行。如发现实施进度与计划进度有偏差，系统将发挥调控职能，分析偏差产生的原因，偏差产生后对后续工作的影响和对总工期的影响，一般需要对原进度计划进行调整，提出纠正偏差方案和实施技术、经济、合同保证措施，及取得相关单位支持与配合的协调措施，确保采取的进度调整措施技术可行、经济合理后，将调整后的进度计划输入进度实施系统，施工活动继续在新的控制系统下运行。当出现新的偏差时，重复上述偏差分析、调整、运行的步骤，直到施工项目全部完成。

5. 施工任务完成后，总结并编写进度控制或管理的报告。

三、进度控制的方法和措施

工程项目进度控制本身就是一个系统工程，包括工程进度计划、工程进度检测和工程进度调整三个相互作用的系统工程。同样，工程项目进度控制的过程实质上也是对有关施工活动和进度的信息不断搜集、加工、汇总和反馈的过程。信息控制系统将信息输送出去，又将其作用结果反馈回来，并对信息的再输出施加影响，起到控制作用，以期达到预定目标。

（一）工程项目进度控制方法

依照工程项目进度控制的系统工程理论、动态控制理论和信息反馈理论等，主要的工程项目进度控制方法有规划、控制和协调。工程项目进度控制目标的确定和分级进度计划的编制，为工程项目进度的“规划”控制方法，体现为工程项目进度计划的制订。工程项目进度计划的实施、实际进度与计划进度的比较和分析、出现偏差时采取的调整措施等，属于工程项目进度控制的“控制”方法，体现了工程项目的进度检测系统和进度调整系统。在整个工程项目的实施阶段，从计划开始到实施完成，进度计划、进度检测和进度调整，每一过程或系统都要充分发挥信息反馈的作用，实现与施工进度有关的单位、部门和工作队组之间的进度关系的充分沟通协调，此为工程项目进度控制的“协调”方法。

（二）工程项目进度控制措施

工程项目进度控制采取的主要措施有组织措施、管理措施、合同管理措施、经济措施和技术措施。

1. 组织措施

组织是目标能否实现的决定性因素，为实现项目的进度目标，应充分健全项目管理的组织体系。

整个组织措施在实现过程中，在项目组织结构中，都需要有专门的工作部门和符合进度控制岗位资格的专人负责进度控制工作，在项目管理组织设计的任务分工表和管理职能分工表中标示和落实。

2. 管理措施

建设工程项目进度控制的管理措施涉及管理的思想、管理的方法、管理的手段、承发包模式、合同管理、信息管理和风险管理。

用工程网络计划的方法编制进度计划必须很严谨地分析和考虑工作之间的逻辑关系，通过工程网络计划可发现关键工作和关键线路，也可知道非关键工作可使用的时差，有利于实现进度控制的科学化。

3. 合同管理措施

合同管理措施是指与分包单位签订施工合同的合同工期与项目有关进度目标的协调性。承发包模式的选择直接关系到工程实施的组织和协调。为了实现进度目标，应选择合理的合同结构，避免过多的合同界面而影响工程的进展。

4. 经济措施

经济措施是实现进度计划的资金保证措施。建设工程项目进度控制的经济措施主要涉及资金需求计划、资金供应计划和经济激励措施等。

5. 技术措施

技术措施主要是采取加快施工进度的技术方法，包括：尽可能地采用先进施工技术、方法和新材料、新工艺、新技术，保证进度目标的实现；落实施工方案，在发生问题时，能适时调整工作之间的逻辑关系，加快施工进度。

第三节　土木工程项目进度计划的编制

在工程项目管理中，进度计划是最广泛使用的用于分步规划项目的工具。通过系统地分析各项工作、前后相邻工作相互衔接关系及开竣工时间，项目经理在投入资源之前对拟建项目进行统筹安排。项目经理把拟建工程项目中需要的材料、机械设备、技术和资金等资源和人员组织集合起来并指向同一个工程目标，利用通用的工具确定投入和分配问题，提高工作效率。确定在有些工作出现拖延的情况下，对整个项目的完成时间造成的不利影响等。要想成功地完成任何一个复杂的项目，进度计划都是必不可少的。

一、进度计划的分类与编制依据

在工程项目施工阶段，工程项目进度计划是工程项目计划中最重要的组成部分，是在项目总工期目标确定的基础上，确定各个层次单元的持续时间、开始和结束时间，以及机动时间。工程项目进度计划随着工程项目技术设计的细化和项目结构分解的深入而逐步细化。工程项目进度计划经过从整体到细节的过程，包括工程项目总工期目标、项目主要阶段进度计划，以及详细的工期计划。

（一）工程项目进度计划的类型

根据工程项目进度控制不同的需要和不同的用途，各项目参与方可以制订多个相互关联的进度计划构成完整的进度管理体系。一般用横道图方法或网络计划进行安排。

（二）工程项目进度计划的编制依据

工程项目进度计划与进度安排起始于施工前阶段，从确立目标、识别工作、确定工作顺序、确定工作持续时间到完成进度计算，并结合具体的工程项目配备的资源情况，进行进度计划的修正和调整。工程项目进度计划系统，包括从确定各主要工程项目的施工起止日期，综合平衡各施工阶段的工程量和投资分配的施工总进度计划，到为各施工过程指明一个确定的施工工期，并确定施工作业所必需的劳动力及各种资源的供应计划的单位工程进度计划。进度计划的编制依据一般有：①拟建项目承包合同中的工期要求；②拟建项目设计图纸及各种定额资料，包括工期定额、概预算定额、施工定额及企业定额等；③已建同类项目或类似项目的资料；④拟建项目条件的落实情况和工程难易程度；⑤承包单位的组织管理水平和资源供应情况等。

二、工程项目进度计划的编制程序

结合工程项目建设程序、工程项目管理的基本任务要求，编制工程项目进度计划，要满足以下要求：合同工期要求；合理组织施工组织设计，设置工作界面，保证施工现场作业人员和主导施工机械的工作效率；力争减少临时设施的数量，降低临时设施费用；符合质量、环保、安全和防火要求。

随着项目的进展、技术设计的深化、结构分解的细化，可供计划使用的数据越来越详细、越来越准确。项目经理根据项目工作分解结构及对工作的定义，计算工程量，确定工程活动（工程项目不同层次的项目单元）或工作之间的逻辑关系，按照各工程活动（工程项目不同层次的项目单元）或工作的工程量和资源投入量计划计算持续时间，统筹工程项目的建设程序、合同工期、建设各方要求，确定各工程活动详细的时间安排，即具体的持续时间、开竣工时间及机动时间。输出横道图和网络图，同时，得到相应的资源使用量计划。

（一）计算工程量

依据工程施工图纸及配套的标准图集，工程量清单计价规范或预算定额及其工程量计算规则，建设单位发布的招标文件（含工程量清单），承包单位编制的施工组织设计或施工方案，结合一定的方法，进行计算。

（二）确定工程活动之间的逻辑关系

工程活动之间的逻辑关系指工程活动之间相互制约或相互依赖的关系，表现为工程活动之间的工艺关系、组织关系和一般关系。

工艺关系，是指由工作程序或生产工艺确定的工程活动之间的先后顺序关系，如基础工程施工中，先进行土方开挖，后进行基础砌筑。

组织关系，是指工程活动之间由于组织安排需要或资源配置需要而规定的先后顺序关系。在进度计划中均表现出工程活动之间的先后顺序关系。

一般关系，在实际工程活动中，活动逻辑关系一般可表达为顺序关系、平行关系和搭接关系三种形式。据此组织工程活动或作业，基本方式归纳起来有三种，分别是依次施工、平行施工和流水施工。以工程项目施工为例．其具体组织方式和特点如下。

1. 依次施工

依次施工的组织方式是将拟建工程项目的整个建造过程分解成若干个施工过程，按照一定的施工顺序，前一个施工完成后，后一个施工才开始的作业组织方式。它是一种最基本的、最原始的施工作业组织方式。

2. 平行施工

平行施工是全部工程的各施工段同时开工、同时完工的一种施工组织方式。这种方法的特点是：①充分利用工作面，争取时间，缩短工期；②工作队不能实现专业化生产，不利于提高工程质量和劳动生产率；③工作队及其工人不能连续作业；④单位时间内投入施工的资源数量大，现场临时设施也相应增加；⑤施工现场组织、管理复杂。

3. 流水施工

流水施工是将拟建工程在平面上划分成若干个作业段，在竖向上划分成若干个作业层，所有的施工过程配以相应的专业队组，按一定的作业顺序（时间间隔）依次连续地施工，使同一施工过程的施工班组保持连续、均衡，不同施工过程尽可能平行搭接施工，从而保证拟建工程在时间和空间上，有节奏、连续均衡地进行下去，直到完成全部作业任务的一种作业组织方式。流水施工的技术经济效果为：①科学地利用了工作面，缩短了工期，可使拟建工程项目尽早竣工，交付使用，发挥投资效益。②工程活动或作业班组连续均衡的专业化施工，加强了施工工人的操作技术熟练性，有利于改进施工方法和机具，更好地保证工程质量，提高了劳动生产率。③单位时间内投入施工的资源较为均衡，有利于资源的供应管理，结合工期相对较短、工作效率较高等，可以减少用工量和管理费，降低工程成本，提高利润水平。

（三）计算持续时间

工程活动持续时间是完成一项具体活动需要花费的时间。随着新的建造方式和技术创新，工作日逐渐成为标准的时间单位。持续时间可以通过下列方式来计算：

1. 对于有确定的工作范围和工程量，又可以确定劳动效率（单位时间内完成的工程数量或单位工程量的工时消耗，用产量定额或工时定额表示，参照劳动定额或经验确定）的工程活动，可以比较精确地计算持续时间，公式为

$$t=\frac{Q}{R\cdot N\cdot S} \tag{6-1}$$

式中：t——持续时间；

Q——工程量；

R——班次投入人数；

N——每天班次；

S——产量定额。

2. 对比类似工程项目计算持续时间。许多项目重复使用同样的工作（定量化或非定量化工作），只要做好记录，项目经理就能准确地预测出持续时间。

3. 有些工程活动由于其工作量和生产效率无法定量化，其持续时间也无法定量计算得到，对于经常在项目中重复出现的工作，可以采用类似项目经验或资料分析确定。有些项目涉及分包商、供应商、销售商等由其他部门来完成的工作。通过向相关人士进行询问、协商，确定这些工作的持续时间。参照合同中对工程活动的规定，查找对应的工程活动的开始、完成时间以及工程活动的持续时间。

4. 对于工作范围、工程量和劳动效率不确定的工程活动，以及对于采用新材料、新技术等的情况，常用的三种时间估计办法为对一个活动的持续时间分析各种影响因素，得出：

$$t=\frac{a+4b+c}{6} \tag{6-2}$$

式中：a——最乐观（一切顺利，时间最短）的时间；

b——最大可能的时间；

c——最悲观（各种不利影响都发生，时间最长）的时间；

t——持续时间。

（四）计算进度计划

工程项目进度计划的计算，主要解决三方面的问题：

1. 项目的计算工期是多长。

2. 各项工程活动或作业开始时间和结束时间的安排。

3. 各项工程活动或作业是否可以延期，如果允许，可以延期多久，即时差问题。

对于项目经理来说，在项目开始前了解项目中各工程活动的开始时间、结束时间和时差，按照建设程序及工程特点安排工程项目进度，尤其是知道哪些地方存在时差，非常重要。没有时差或时差最小的工作被定义为关键工作，必须密切注意。如果关键工作实际开始时间滞后，整个项目就会延期，因此关键工作对进度控制至关重要。

三、工程项目进度计划的种类

进度计划的种类有很多，常见的有横道图、里程碑图、网络图三种。

（一）横道图

横道图是进度计划编制中最常见且被广泛应用的一种工具。横道图是用水平线条表示工作流程的一种图表。横道图将计划安排和进度管理两种职能组合在一起，通过日历形式列出工程项目活动相应的开始和结束日期。

横道图中，项目活动在图的左侧纵向列出，图中的每个横道线代表一个工程活动或作业，横道线的长度为活动的持续时间，横道线出现的位置表示活动的起止时间，横向代表的是时间轴，依据计划的详细程度不同，可以是年、月、周等时间单位。

通过横道图的含义，可以看出横道图具有很多优点，同时也有局限性。

1. 横道图的优点

①横道图能够清楚地表达各项工程活动的起止时间，内容排列整齐有序、形象直观，能为各层次人员使用。

②横道图可以与劳动力计划、资源计划、资金计划相结合，计算各时段的资源需要量，并绘制资源需要量计划。

③使用方便，编制简单，易于掌握。

正是由于这些非常明显的优点，横道图自发明以来被广泛应用于各行各业的生产管理活动中，直到现在仍被普遍使用着。

2. 横道图的局限性

①不能清楚地表达工作间的逻辑关系，即工程活动之间的前后顺序及搭接关系通过横道图不能确定。因此，当某个工程活动出现进度偏差时，表达不出偏差对哪些活动会有影响，不便于分析进度偏差对后续工程活动及项目工期的影响，难以调整进度计划。

②不能反映各项工程活动的相对重要性，如哪些工程活动是关键性的活动，哪些工程活动有推迟或拖延的余地，及余地的大小，不能很好地掌握影响工期的主要矛盾。

③对于大型复杂项目，由于其计划内容多、逻辑关系不明、表达的信息少，不便对项目计划进行处理和优化。

横道图本身的特点，决定了横道图比较适合于规模小、简单的工程项目，或者在项目初期，尚无详细的项目结构分解，工程活动之间复杂的逻辑关系尚未分析出来时编制的总进度计划。

（二）里程碑图

里程碑图是以工程项目中某些重要事件的完成或开始时间（没有持续时间）作为基准

形成的计划，是一个战略计划或项目框架，以中间产品或可实现的结果为依据。项目的里程碑事件，通常是项目的重要事件，是重要阶段或重要工程活动的开始或结束，是项目全过程中关键的事件。工程项目中常见的里程碑事件有批准立项、初步设计完成、总承包合同签订、现场开工、基础完工、主体结构封顶、工程竣工、交付使用等。

里程碑事件与项目的阶段结果相联系，其作为项目的控制点、检查点和决策点，通常依据工程项目主要阶段的划分、项目阶段结果的重要性，以及过去工程的经验来确定。对于上层管理者，掌握项目里程碑事件的安排对进度管理非常重要。工程项目的进度目标、进度计划的审查、进度控制等就是以项目的里程碑事件为对象的。

（三）网络图

网络图是由箭线和节点组成，用来表示工作流程的有向的、有序的网状图形。一个网络图表示一项计划任务。网络计划根据不同的分类方式可分为很多种。

1. 按逻辑关系及工作持续时间是否确定划分

网络计划按各项工作持续时间和各项工作之间的相互关系是否确定，可分为肯定型和非肯定型两类。肯定型网络计划是工作与工作之间的逻辑关系和工作持续时间都能确定的网络计划，如关键线路法、搭接网络计划、多级网络计划和流水网络计划等。非肯定型网络计划是工作与工作之间的逻辑关系和工作持续时间三者任一不确定的网络计划，如计划评审技术、风险评审技术、决策网络技术和仿真网络计划技术等。本章主要是施工阶段的进度管理，故只讨论肯定型网络计划。

2. 按工作的表示方式不同划分

按工作的表示方式不同，网络计划可分为双代号网络计划和单代号网络计划。

3. 按目标的多少划分

按目标的多少，网络计划可分为单目标网络计划和多目标网络计划。

4. 按其应用对象不同划分

按其应用对象不同，网络计划可分为分部工程网络计划、单位工程网络计划和群体工程网络计划。

5. 按表现形式不同划分

按表现形式不同，网络计划可分为双代号网络图、双代号时标网络图、单代号搭接网络图、单代号网络图。这几类网络计划技术为工程中常用的形式，为本章讨论的重点。

网络进度计划最常用的为关键线路法，由节点和箭线组成，由一个对整个项目的各个方面都非常了解的管理团队编制。一份完整的网络进度计划要求所有工作都按照确定的目标有组织地完成。用确定的各项活动的持续时间以及相互之间的逻辑关系，考虑必需的资源，用箭线将工程活动自开始节点到结束节点连接起来，形成有向、有序的各条线路组成的网状图形——网络图。其特点有：

①利用网络图，可以明确地表达各项工程活动之间的逻辑关系；

②通过网络进度计划，可以确定工程的关键工作和关键线路；

③掌握机动时间，合理配置资源；

④根据国家相关标准规范的规定，可以利用计算机辅助手段，进行网络计划的调整和优化。

网络进度计划是进度计划表现形式的一种，故在绘制网络图时要注意：表示时间的不可逆性，网络计划的箭线只能是从左往右，工程活动名称的唯一性，以及工程活动的开始、结束节点只能分别是一个的特性。

四、项目进度计划的编制——横道图

（一）流水参数

下面主要从组织项目流水施工作业方面介绍工程项目进度计划横道图的编制。在组织拟建工程流水施工时，需要表达流水施工的流水参数，主要包括工艺参数、空间参数和时间参数三类。

1. 工艺参数

在组织流水施工时，用以表达流水施工在施工工艺上开展顺序和特征的参数称为工艺参数，主要是施工过程数。参与一组流水的施工过程数，一般以n表示。施工过程根据计划的需要确定其粗细程度。施工过程范围可大可小，既可以是分部工程、分项工程，又可以是单位工程和单项工程。

单项工程是建设项目的组成部分，一般是指在一个建设项目中，具有独立的设计文件，建成后能够独立发挥生产能力或效益的工程，例如办公楼、食堂、住宅等。

单位工程是单项工程的组成部分，一般是指具有独立组织施工条件及单独作为计算成本对象，但建成后不能独立进行生产或发挥效益的工程。一个单项工程可以划分为建筑工程、安装工程、设备及工器具购置等单位工程。

分部工程是单位工程的组成部分，一般是按单位工程的结构部位、使用的材料、工种或设备种类和型号等的不同而划分的工程。例如一般土建工程可以划分为土石方工程、打桩工程、砖石工程、钢筋混凝土工程、木结构工程、楼地面工程、屋面工程、装饰工程等分部工程。

分项工程是分部工程的组成部分，一般是按照不同的施工方法、材料及构件规格，将分部工程分解为一些简单的施工过程，是建设工程中最基本的单位内容，即通常所指的各种实物工程量。例如土方分部工程可以分为人工平整场地、人工挖土方等分项工程。

2. 空间参数

在组织流水施工时，空间参数是指用于表达流水施工在空间布置上所处状态的参数，主要有工作面、施工段和施工层。

工作面是指某专业工种的工人在从事建筑产品施工生产过程中，所必须具备的操作空间，如砌砖墙 7 ～ 8m/ 人。

施工段是为有效地组织施工，对拟建工程项目在平面上划分成若干个劳动量大致相等的施工段落，一般以 m 表示施工段数。划分施工段，要满足一定的要求：

①专业工作队在各个施工段上的劳动量要大致相等，以便组织均衡、连续、有节奏的流水施工。

②一个施工段内可以安排一个施工过程的专业工作队进行施工，使容纳的劳动力人数或机械台数能满足合理劳动组织的要求，充分发挥工人、主导机械的效率。

③划分施工段时，尽量保证拟建工程项目的结构整体，施工段的分界线应尽可能与结构的自然界线（如沉降缝、伸缩缝等）相一致。例如，住宅可按单元、楼层划分，厂房可按跨、生产线划分等。

④对于多层拟建工程项目，既要划分施工段，又要划分施工层，且为保证相应的专业工作队在施工层之间连续施工，施工段数（ m ）与施工过程数（ n ）应满足 $m \geqslant n$ 。

在组织流水施工时，为了满足专业工作队对操作高度和施工工艺的要求，结合拟建工程项目建筑物的高度和楼层等实际情况在竖向上划分成若干个操作层，即为施工层，一般用 r 表示。

3. 时间参数

时间参数指组织流水施工时，用以表达时间排序的参数，常见的类型有流水节拍、流水步距、平行搭接时间、技术组织间歇时间和流水施工工期。

①流水节拍是指某个专业队在某一个施工段上的作业持续时间。通常用 t 表示。工程项目施工时采取的施工方案、各施工段投入的劳动人数或施工机械台数、工作班次，以及该施工段工程量的多少等，都将影响流水节拍的大小，并可以综合反映出流水施工速度的快慢、节奏感的强弱和资源消耗量的多少。

②流水步距是指两个相邻工作队（或施工过程）在同一施工段上相继开始作业的时间间隔，以符号 K 表示。需要满足相邻两个专业工作队在施工顺序上的相互制约关系；需要保证各专业工作队能连续作业；需要保证相邻两个专业工作队在开工时间上最大限度及合理地搭接；需要保证工程质量，满足安全生产需要。

③平行搭接时间。组织流水施工时，有时为了缩短工期，在工作面允许的条件下，如果前一个专业工作队完成部分施工任务后，能够提前为后一个专业工作队提供工作面，使

后者提前进入该工作面，两者在同一施工段上平行搭接施工，这个搭接时间称为平行搭接时间。如绑扎钢筋与支模板可平行搭接一段时间，平行搭接时间通常以$C_{j,j+1}$表示。

④技术组织间歇时间。技术组织间歇时间是组织流水施工时，由于施工工艺技术要求或建筑材料、构配件的工艺性质，相邻两施工过程在流水步距以外须增加的一段间歇等待时间，如混凝土浇筑后的养护时间、砂浆抹面和油漆面的干燥时间。技术组织间歇时间是施工技术或施工组织造成的在流水步距以外增加的间歇时间，如墙体砌筑前的墙身位置弹线、施工工人、机械转移，回填土之前的地下管道检查验收等。在组织流水施工时，技术间歇时间和组织间歇时间都属于在流水步距外增加的不可或缺的等待时间，其对流水施工工期的影响结果是相同的。一般将技术组织间歇时间统一用$z_{j,j+1}$表示。

⑤流水施工工期。流水施工工期是指从第一个专业工作队投入施工开始，到最后一个专业工作队完成施工为止的整个持续时间，一般用T表示。由于一项建设工程往往包含许多流水组，故流水施工工期一般不是整个工程项目的总工期。

（二）流水施工的组织形式

在组织流水施工时，根据施工过程时间参数的不同特点，如流水节拍的节奏特征等，可以组成多种不同的流水施工组织形式。常见的流水作业组织形式主要有全等节拍流水施工、成倍节拍流水施工和无节奏流水施工三种。

1. 全等节拍流水施工

所有施工过程在各个施工段上的流水节拍彼此相等，这时组织的流水施工方式称为全等节拍（固定节拍）流水施工。

全等节拍流水施工的特点：所有施工过程在各个施工段上的流水节拍均相等；相邻施工过程的流水步距相等，且等于流水节拍；专业工作队数等于施工过程数（每一施工过程由一专业施工队施工，且该施工队完成相应施工过程在所有施工段上的任务），各个专业施工队在各施工段上能够连续作业，施工段之间没有空闲时间。

组织达到这种理想的全等节拍流水的效果，必须做到三点：第一，尽量使各施工段的工程量基本相等；第二，要先确定主导施工过程的流水节拍；第三，可通过调节各专业队的人数，使其他施工过程的流水节拍与主导施工过程的流水节拍相等。

2. 成倍节拍流水施工

在组织的有节奏流水施工中，当同一施工过程在各施工段上的流水节拍都相等，不同施工过程之间彼此的流水节拍全部或部分不相等但互为倍数时，可组织成倍节拍流水施工，也称等步距异节奏流水施工。

成倍节拍流水施工的特点：同一施工过程在其各个施工段上流水节拍均相等，不同施工过程的流水节拍不等，其值为倍数关系；相邻施工过程的流水步距相等，且等于流水节拍的最大公约数；专业工作队数大于施工过程数，部分或全部施工过程按倍数增加相应专业工作队（目的就是调整为特殊情况下的全等节拍流水，实现连续不间断地施工）；各个专业工作队在施工段上能够连续作业，施工段间没有间隔时间。

3. 无节奏流水（分别流水）施工

无节奏流水施工指在组织流水施工时，全部或部分施工过程在各个施工段上的流水节拍不相等，是流水施工中最常见的一种。

无节奏流水施工的特点：各施工过程在各施工段上的流水节拍不全相等；相邻施工过程的流水步距不尽相等；专业工作队数等于施工过程数；各专业工作队能够在施工段上连续作业，但有的施工段可能有间隔的时间。

第四节　土木工程项目进度的检查与分析方法

工程项目施工进度计划编制完成，经有关部门审批后，即可组织实施。进度计划执行过程中，由于种种因素的影响，实际进度与计划进度会有偏差，一般都需要采取相关的措施，以保证计划目标的顺利实现。此阶段的工作主要有：检查并实际掌握工程进展情况；根据存在的偏差分析原因；在此基础上，确定相应的解决措施或方法。

一、工程项目进度计划的实施与检查

工程项目进度计划的实施就是用工程项目进度计划指导工程建设实施活动，并在实施过程中不断检查计划的执行情况，分析产生进度偏差的原因，落实并完善计划进度目标。

实施进度计划前，需要按工程的不同实施阶段、不同的实施单位、不同的时间点来设立分目标。同时，为了便于进度计划的实施、检查和监督，尤其是在施工阶段，需要将项目进度计划分解为年、季、月、旬、周作业计划和作业任务书，并按此执行进度作业。

（一）进度检查的内容

在工程项目进度计划实施过程中，应跟踪计划的实施进行监督，查清工程项目施工进展。进度检查的内容有：

1. 施工形象进度检查

这一般也是施工进度检查的重点，检查施工现场的实际进度情况，并与进度计划相比较。

2. 设计图纸等进展情况检查

检查各设计单元供图进度，确定或估计是否满足施工进度要求。

3. 设备采购进展情况检查

检查设备在采购、运输过程中的进展情况，确定或估计是否满足计划的到货日期，能否适应土建或安装进度的要求。

4. 材料供应或成品、半成品加工情况检查

有些材料是直接供应的，主要检查其订货、运输和储存情况；有些材料须经工厂加工为成品或半成品，然后运到工地，检查其原料订货、加工、运输等情况。

（二）施工进度检查时应注意的问题

1. 根据施工合同中对进度、开工及延期开工、暂停施工、工期延误和工程竣工等承诺的规定，开展工程进度的相关控制工作。

2. 编制统计报表。在施工进度计划实施过程中，应跟踪形象进度对工程量、总产值、耗用的人工、材料和机械台班等的数量进行统计分析，编制统计报表。

3. 进度索赔。当合同一方因另外一方的原因工期拖延时，应进行进度索赔。当发包人未按合同规定提供施工条件等非承包人原因导致承包人的工期拖延，承包人针对延误的工期可提出进度索赔。

4. 分包工程的实施。分包人应根据项目施工进度计划编制分包工程进度计划并组织实施。施工项目经理部应将分包工程施工进度计划纳入项目进度计划控制范畴，并协助分包人解决项目进度控制中的相关问题。

二、实际进度与计划进度的比较分析

进度计划的检查方法主要是对比法，即实际进度与计划进度相比较，发现进度计划执行受到干扰时，进行分析，继而进行调整或修改计划，保证进度目标的实现。常见的检查方法有横道图比较法、前锋线法、双 S 曲线法。

（一）横道图比较法

1. 匀速进展的横道图比较法

横道图比较法是指将项目实施过程中收集到的数据，经加工整理后直接用横道线平行绘于原计划的横道线处，并在原进度计划上标出检查日期，可以比较清楚地对比实际进度和计划进度情况的一种方法。该方法适用于工程项目中各项工作都是匀速进展的情况，即每项工作在单位时间内完成的任务量都相等的情况。此时，每项工作累计完成的任务量与时间呈线性关系，完成的任务量可以用实物工程量、劳动消耗量或费用支出表示。

2. 非匀速进展的横道图比较法

工程实际施工过程中，每项工作不一定是匀速进展的。故针对非匀速进展的工程，实际进度与计划进度的比较采用非匀速进展的横道图比较法。此方法根据工程项目进度计划

（分解的详细周进度计划或施工任务包），在横道线的上方标出各阶段时间工作的计划完成任务量累计百分比，在横道线的下方标出相应阶段时间工作的实际完成任务量累计百分比，用涂黑的粗线标出工作的实际进度，从开始之目标起。

对比分析实际进度与计划进度：如果同一时刻横道线上方累计百分比大于横道线下方累计百分比，表明实际进度拖后，两者之差即为拖欠的任务量；如果同一时刻横道线上方累计百分比小于横道线下方累计百分比，表明实际进度超前，两者之差即为超前的任务量；如果同一时刻横道线上方累计百分比等于横道线下方累计百分比，表明实际进度与计划进度一致。

（二）前锋线比较法

在实际进度与计划进度的比较中，要想更准确地判断进度延误对后续工作及总工期等的影响，需要能清楚表达工作之间逻辑关系的比较方法，前锋线比较法应运而生。

1. 相关概念

前锋线是指在原时标网络计划上，从检查时刻的时标点出发，用虚线或点画线依次将各项工作实际进展位置点连接而成的折线。前锋线比较法是通过实际进度前锋线与原进度计划中各工作箭线交点的位置来判断工作实际进度与计划进度的偏差，进而判定该偏差对后续工作及总工期影响程度的一种方法。为了清楚起见，可在时标网络计划图的上方和下方各设一时间坐标。工作实际进展位置点可以按该工作已完成任务量比例和尚需作业时间进行标定。

2. 对比实际进度与计划进度

①工作实际进展位置点落在检查日期的左侧，表明该工作实际进度拖后，拖后时间为两者之差。

②工作实际进展位置点与检查日期重合，表明该工作实际进度与计划进度一致。

③工作实际进展位置点落在检查日期的右侧，表明该工作实际进度超前，超前时间为两者之差。

3. 预测进度偏差对后续工作及总工期的影响

通过实际进度与计划进度的比较确定进度偏差后，还可根据工作的自由时差和总时差预测该进度偏差对后续工作及项目总工期的影响。

（三）基于网络计划的双 S 曲线法

1. 双 S 曲线法

工程网络计划中的任何一项工作，其逐日累计完成的工作任务量都可借助于两条 S 形曲线概括表示：一是按工作的最早开始时间安排计划进度而绘制的 S 形曲线，称 ES 曲线；

二是按工作的最迟开始时间安排计划进度而绘制的S形曲线，称LS曲线。两条曲线除在开始点和结束点相重合外。ES曲线的其余各点均落在LS曲线的左侧，使得两条曲线围合成一个形如香蕉的闭合曲线圈，故将其称为香蕉形曲线。

2. 双S曲线的作用

①合理安排工程项目进度计划。如果工程项目中各项工作均按其最早开始时间安排进度，将导致项目投资的加大；而如果各项工作都按其最迟开始时间安排进度，则一旦受到进度影响因素的干扰，将会导致工期的延误。因此，一个科学合理的进度计划优化曲线，应处于香蕉曲线所包括的范围内。

②定期比较工程项目的实际进度与计划进度。在工程项目的实施过程中，根据每次检查收集到的实际完成任务量，绘制出实际进度S曲线，便可以与计划进度比较。工程项目实际进度的理想状态是任一时刻工程实际进展点应落在香蕉线图的范围之内。如果工程实际进展点落在ES曲线的左侧，表明此刻实际进度比各项工作按最早开始时间安排的计划进度超前；如果工程实际进展点落在LS曲线的右侧，则表明此刻实际进度比各项工作按其最迟开始时间安排的计划进度落后。

③预测后期工程进展趋势。利用香蕉曲线可以对后续工程的进展情况进行预测。

第五节　土木工程项目进度计划的调整与优化

通过对工程项目计划进度的检查，结合工程项目的特定目标的唯一性、临时性、不断完善的渐进性及风险与不确定性等属性，实际进度与计划进度必然会存在一定的差异。通过对实际进度和计划进度的比较、分析，根据需要对工程项目进度计划进行调整和优化。

一、进度拖延的影响因素

进度拖延是工程项目过程中经常发生的现象，各层次的项目单元、各个项目阶段都可能出现延误。进度拖延的原因是多方面的，常见的有以下几种：

（一）工期及相关计划欠周密

计划不周密是常见的现象，包括：计划时忘记（遗漏）部分必需的功能或工作；计划值（如计划工作量、持续时间）不足，相关的实际工作量增加；资源或能力不足，如计划时没考虑到资源的限制或缺陷，没有考虑如何完成工作；出现了计划中未能考虑到的风险或状况，未能使工程实施达到预定的效率。

（二）工程实施条件的变化

工程实施条件的变化包括：工作量的变化，可能是设计的修改、设计的错误、业主新的要求、修改项目的目标及系统范围的扩展造成的；环境条件的变化，如不利的施工条件不仅造成对工程实施过程的干扰，有时直接要求调整原来已确定的计划；发生不可抗力事件，如地震、台风、动乱、战争等。

（三）管理过程中的失误

计划部门与实施者之间、总分包商之间、业主与承包商之间缺少沟通，工期意识淡薄，例如，管理者拖延了图纸的供应和批准，任务下达时缺少必要的工期说明和责任落实，拖延了工程活动。项目参加单位对各个活动（各专业工程和供应）之间的逻辑关系（活动链）没有清楚地了解，下达任务时也没有进行详细解释，同时对活动的必要前提条件准备不足，许多与实际脱节，资源供应出现问题。其他方面未完成项目计划造成拖延，例如，设计单位拖延设计，上级机关拖延批准手续，质量检查拖延，业主不果断处理问题等。

二、进度偏差的影响分析

对于进度偏差，需要分析其对后续工作及总工期的影响，以及后续工作和总工期的可调整程度，对进度计划进行相关调整和优化。下面就进度偏差产生的两种结果（某项工作的实际进度超前或滞后）来进行分析。

（一）当进度偏差体现为某项工作的实际进度超前

加快某些工作的实施进度，可导致资源使用情况发生变化，特别是在有多个平行分包单位施工的情况下，由此而引起后续工作时间安排的变化，往往会带来潜在的风险和索赔事件的发生，使缩短部分工期的实际效果得不偿失。因此，当进度计划执行过程中产生的进度偏差体现为某项工作的实际进度超前，若超前幅度不大，此时计划不必调整；当超前幅度过大，则此时计划需要调整。

（二）当进度偏差体现为某项工作的实际进度滞后

进度计划执行过程中若实际进度滞后，是否调整原定计划通常应视进度偏差和相应工作总时差及自由时差的比较结果而定。

1. 出现进度偏差的工作为关键工作，实际进度滞后，必然会引起后续工作最早开工时间的延误和整个计划工期的相应延长，因而，必须对原定进度计划采取相应调整措施。

2. 出现进度偏差的工作为非关键工作，且实际进度滞后天数已超出其总时差，则实际进度延误同样会引起后续工作最早开工时间的延误和整个计划工期的相应延长，因而，必须对原定进度计划采取相应调整措施。

3. 出现进度偏差的工作为非关键工作，且实际进度滞后天数已超出其自由时差而未超出其总时差，实际进度延误只会引起后续工作最早开工时间的拖延而对整个计划工期并无影响。此时只有在后续工作最早开工时间不宜推后的情况下才考虑对原定进度计划采取相应调整措施。

4. 出现进度偏差的工作为非关键工作，且实际进度滞后天数未超出其自由时差，实际进度延误对后续工作的最早开工时间和整个计划工期均无影响，因而不必对原定进度计划采取调整措施。

三、工程项目进度计划的调整与优化

承包商自身原因导致在自身承担的风险范围内的进度偏差对后续工作或工程项目产生了不可逆转的不利影响时，需要对进度计划进行调整和优化。

（一）进度计划调整的内容

进度计划调整的内容包括工作内容、工作量、工作起止时间、工作持续时间、工作逻辑关系、资源供应。可以只调整六项的其中一项，也可以同时调整多项，还可以将几项结合起来调整，以求综合效益最佳。只要能达到预期目标，调整越少越好。

（二）进度计划调整方法和措施

1. 调整关键线路长度

当关键线路的实际进度比计划进度提前时，首先要确定是否对原计划工期予以缩短。综合考虑施工合同中对工期提前的奖励措施、工程质量和工程费用等。如果不缩短，可以利用这个机会降低资源强度或费用，方法是选择后续关键工作中资源占用量大的或直接费用高的予以适当延长，延长的长度不应超过已完成的关键工作提前的时间量，以保证关键线路总长度不变。

2. 缩短某些后续工作的持续时间

当关键线路的实际进度比计划进度滞后时，表现为以下两种情况：

①网络计划中某项工作进度拖延的时间已超过其自由时差但未超过其总时差，对于后续工作拖延的时间有限制要求的情况；

②网络计划中某项工作进度拖延的时间超过其总时差，项目总工期不允许拖延，或项目总工期允许拖延，但拖延的时间有限制的情况。

需要压缩某些后续工作的持续时间，选择压缩工作的原则：缩短持续时间对质量和安全影响不大的工作；有备用资源的工作；缩短持续时间所需增加的资源、费用最少的工作。综合影响进度的各种因素、各种调整方法，采取赶工措施，以缩短某些后续工作的持续时间，使调整后的进度计划符合原进度计划的工期要求。

3. 非关键工作时差的调整

时差调整的目的是充分或均衡地利用资源，降低成本，满足项目实施需要。时差调整幅度不得大于计划总时差值。需要注意非关键工作的自由时差，它只是工作总时差的一部分，是后续工作最早能开始的机动时间。在项目实施过程中，如果发现正在开展的工作存在自由时差，一定要考虑是否需要立即使用，如把相应的人力、物力调整支援到关键工作。

任何进度计划的实施都受到资源的限制，计划工期的任一阶段，如果资源需要量超过资源最大供应量，那这样的计划是没有任何意义的。受资源供给限制的网络计划是利用非关键工作的时差来进行调整的。项目均衡实施，在进度开展过程中，所完成的工作量和所消耗的资源量尽可能保持均衡。

4. 改变某些后续工作之间的逻辑关系

若进度偏差已影响计划工期，且有关后续工作之间的逻辑关系允许改变，此时可变更位于关键线路或位于非关键线路但延误时间已超出其总时差的有关工作之间的逻辑关系，从而达到缩短工期的目的。

工作之间逻辑关系的改变的原因必须是施工方法或组织方法的改变，一般来说，调整的是组织关系。

（三）增减工作项目

增加工作项目，是对原遗漏或不具体的逻辑关系进行补充；减少工作项目只是对提前完成了的工作项目或原不应设置而设置了的工作项目予以删除。由于增减工作项目只是改变局部的逻辑关系，不影响总的逻辑关系，因此增减工作项目均不打乱原网络计划总的逻辑关系。增减工作项目之后应重新计算时间参数，以分析此调整是否对原网络计划工期产生影响，如有影响应采取措施消除。

第七章　土木工程项目质量管理

第一节　土木工程项目质量管理的基础认知

工程项目质量是基本建设效益得以实现的保证，是决定工程建设成败的关键。工程项目质量管理是为了保证达到工程合同规定的质量标准而采取的一系列措施、手段和方法，应当贯穿工程项目建设的整个生命周期。工程项目质量管理是承包商在项目建造过程中对项目设计、项目施工进行的内部的、自身的管理。

一、工程项目质量管理

（一）工程项目质量管理与工程项目质量控制

1. 质量和工程质量

质量不仅是指产品质量，也可以是某项活动或过程的工作质量，还可以是质量管理体系的运行质量；固有是指事物本身所具有的，或者存在于事物中的；特性是指某事物区别于其他事物的特殊性质，对产品而言，特性可以是产品的性能如强度等，也可以是产品的价格、交货期等。工程质量的固有特性通常包括使用功能、耐久性、可靠性、安全性、经济性以及与环境的协调性，这些特性满足要求的程度越高，质量就越好。

2. 质量管理和工程质量管理

质量管理是在质量方面指挥和控制组织协调活动的管理，其首要任务是确定质量方针、质量目标和质量职责，核心是要建立有效的质量管理体系，并通过质量策划、质量控制、质量保证和质量改进四大支柱来确保质量方针、质量目标的实施和实现。其中，质量策划是致力于制定质量目标并规定必要的进行过程和相关资源来实现质量目标；质量控制是致力于满足工程质量要求，为了保证工程质量满足工程合同、规范标准所采取的一系列措施、方法和手段；质量保证是致力于提供质量要求并得到信任；质量改进是致力于增强满足质量要求的能力。质量管理也可以理解为：监视和检测；分析判断；制定纠正措施；实施纠正措施。

就工程项目质量而言，工程项目质量管理是为达到工程项目质量要求所采取的作业技术和活动。工程项目质量要求主要表现为工程合同、设计文件、规范规定的质量标准。工程项目质量管理就是为了保证达到工程合同规定的质量标准而采取的一系列措施、手段和方法。

（二）工程项目的质量管理总目标

工程项目的质量管理总目标是在策划阶段进行目标决策时由业主提出的，是对工程项目质量提出的总要求，包括项目范围的定义、系统过程、使用功能与价值、应达到的质量等级等。同时，工程项目的质量管理总目标还要满足国家对建设项目规定的各项工程质量验收标准以及用户提出的其他质量方面的要求。

（三）工程项目质量管理的原则

建设项目的各参与方在工程质量管理中，应遵循以下几条原则：坚持质量第一的原则；坚持以人为核心的原则；坚持以预防为主的原则；坚持质量标准的原则；坚持科学、公正、守法的职业道德规范。

二、工程项目质量控制基准与质量管理体系

（一）工程项目质量控制基准

工程项目质量控制基准是衡量工程质量、工序质量和工作质量是否合格或满足合同规定的质量标准，主要有技术性质量控制基准和管理性质量控制基准两大类。

1. 技术性质量控制基准

指合同规定选用和法定采用的质量技术标准，包括项目设计要求、设计规范、设计文件、设备材料规格标准、施工规范、质量评定标准、试车规程等。

2. 管理性质量控制基准

为保证质量达到合同文件规定的技术标准要求而设立的质量管理标准，也称为项目质量体系，包括业主方（含监理方）和承包方（含设计方、供应商）为保证实现项目建设质量目标分别建立的质量监控系统和质量保证体系。

工程项目质量控制基准是业主和承包商在协商谈判的基础上，以合同文件的形式确定下来的，是处于合同环境下的质量标准。工程项目质量控制基准的建立应当遵循以下原则：①符合有关法律、法令；②达到工程项目质量目标，让用户满意；③保证一定的先进性；④加强预防性；⑤照顾特定性，坚持标准化；⑥不追求过剩质量，追求经济合理性；⑦有关标准应协调配套；⑧与国际标准接轨；⑨做到程序简化和职责清晰，可操作性强。

（二）企业质量管理体系的建立与认证

企业质量管理体系是企业为实施质量管理而建立的管理体系，通过第三方质量认证机

构的认证，为该企业的工程承包经营和质量管理奠定基础。质量管理体系的建立程序如表7–1所示。

表7–1 质量管理体系的建立程序

项目	内容
建立质量管理体系的组织策划	包括领导决策、组织落实、制订工作计划、进行宣传教育和培训等
质量管理体系总体设计	制定质量方针和质量目标，对企业现有质量管理体系进行调查评价，对骨干人员进行建立质量管理体系前的培训
质量管理体系的建立	企业质量管理体系的建立，是在确定市场及顾客需求的前提下，按照八项质量管理原则制定企业的质量方针、质量目标、质量手册、程序文件及质量记录等体系文件，并将质量目标分解落实到相关层次、相关岗位的职能和职责中，形成企业质量管理体系的执行系统。企业质量管理体系包括完善组织机构、配置所需的资源
质量管理体系文件编制	包括对质量管理体系文件进行总体设计、编写质量手册、编写质量管理体系程序文件、设计质量记录表式、审定和批准质量管理体系文件等
质量管理体系运行	企业质量管理体系的运行是在生产及服务的全过程，按质量管理体系文件所制定的程序、标准、工作要求及目标分解的岗位职责进行运作。在质量体系的运行过程中，需要切实对目标实现中的各个过程进行控制和监督，与确定的质量标准进行比较，对于发现的质量问题及时纠偏，使这些过程达到所策划的结果并实现对过程的持续改进。包括实施质量管理体系运行的准备工作、质量管理体系运行
企业质量管理体系的认证	质量认证制度是由公正的第三方认证机构对企业的产品及质量体系做出正确可靠的评价，从而使社会对企业的产品建立信心。第三方质量认证制度得到世界各国的普遍重视，它对供方、需方、社会和国家的利益都具有以下重要意义：提高供方企业的质量信誉；促进企业完善质量体系；增强国际市场竞争能力；减少社会重复检验和检查费用；有利于保护消费者利益；有利于法规的实施
获准认证后的维持与监督管理	获准认证后，企业应通过经常性的内部审核，维持质量管理体系的有效性，并接受认证机构对企业质量管理体系实施监督管理

其中，企业质量管理体系文件构成如表7–2所示。

表7–2 企业质量管理体系文件构成

项目	内容
质量手册	质量手册是建立质量管理体系的纲领性文件，应具备指令性、系统性、协调性、先进性、可行性和可检查性。其内容主要包括：企业的质量方针、质量目标；组织机构及质量职责；体系要素或基本控制程序；质量手册的评审、修改和控制的管理办法。其中质量方针和质量目标是企业质量管理的方向目标，是企业经营理念的反映，应反映用户及社会对工程质量的要求及企业相应的质量水平和服务承诺

续表：

项目	内容
程序性文件	程序性文件是指企业为落实质量管理工作而建立的各项管理标准、规章制度，通常包括活动的目的、范围及具体实施步骤。各类企业的程序文件中都应包括以下六个方面的程序：文件控制程序；质量记录管理程序；内部审核程序；不合格品控制程序；纠正措施控制程序；预防措施控制程序
质量计划	质量计划是对工程项目或承包合同规定专门的质量措施、资源和活动顺序的文件，用于保证工程项目建设的质量，需要针对特定工程项目具体编制
质量记录	质量记录是产品质量水平和质量体系中各项质量活动进程及结果的客观反映，对质量体系程序文件所规定的运行过程及控制测量检查的内容如实加以记录，用以证明产品质量达到合同要求及质量保证的满足程度；质量记录应完整地反映质量活动实施、验证和评审的情况，并记载关键活动的过程参数，具有可追溯性的特点。质量记录以规定的形式和程序进行，并有实施、验证、审核等签署意见

企业质量管理体系的认证程序如表 7–3 所示。

表 7–3　企业质量管理体系的认证程序

项目	内容
申请和受理	具有法人资格，已按 GB/T 19000-2008 系统标准或其他国际公认的质量体系规范建立了文件化的质量管理体系，并在生产经营全过程贯彻执行的企业可提出申请。申请单位须按要求填写申请书。认证机构经审查符合要求后接受申请，如不符合要求则不接受申请，接受或不接受均应发出书面通知书
审核	认证机构派出审核组对申请方质量管理体系进行检查和评定，包括文件审查、现场审核，并提出审核报告
审批与注册发证	体系认证机构根据审核报告，经审查决定是否批准认证。对批准认证的组织颁发质量管理体系认证证书，并将企业组织的有关情况注册公示，准予组织以一定方式使用质量管理体系认证标志。企业质量管理体系获准认证的有效期为 3 年

企业质量管理体系的维持与监督管理内容如表 7–4 所示。

表 7–4　企业质量管理体系的维持与监督管理内容

项目	内容
企业通报	认证合格的企业质量管理体系在运行中出现较大变化时，应当向认证机构通报。认证机构接到通报后，根据具体情况采取必要的监督检查措施
监督检查	认证机构对认证合格单位质量管理体系维持情况进行监督性现场检查，包括定期和不定期的监督检查。定期检查通常是每年一次，不定期检查视需要临时安排
认证注销	注销是企业的自愿行为。在企业质量管理体系发生变化或证书有效期届满未提出重新申请等情况下，认证持证者提出注销的，认证机构予以注销，收回该体系认证证书
认证暂停	认证暂停是认证机构对获证企业质量管理体系发生不符合认证要求情况时采取的警告措施。认证暂停期间，企业不得使用质量管理体系认证证书做宣传。企业在规定期间采取纠正措施满足规定条件后，认证机构撤销认证暂停；若仍不能满足认证要求，将被撤销认证注册并收回合格证书

续表：

项目	内容
认证撤销	当获证企业发生质量管理体系严重不符合规定，或在认证暂停的规定期限未予整改，或其他构成撤销体系认证资格情况时，认证机构做出认证撤销的决定。企业如有异议可提出申诉。认证撤销的企业一年后可重新提出认证申请
复评	认证合格有效期满前，如企业愿继续延长，可向认证机构提出复评申请
重新换证	在认证证书有效期内，出现体系认证标准变更、体系认证范围变更、体系认证证书持有者变更，可按规定重新换证

第二节　土木工程项目质量控制

工程项目的实施是一个渐进的过程，任何一个方面出现问题都会影响后期的质量，进而影响工程的质量目标。要实现工程项目质量目标，建设一个高质量的工程，必须对整个工程项目过程实施严格的质量控制。

一、工程项目质量影响因素

工程项目质量管理涉及工程项目建设的全过程，而在工程建设的各个阶段，其具体控制内容不同，但影响工程项目质量的主要因素均可概括为人、材料、机械、方法及环境五个方面。因此，保证工程项目质量的关键是严格对这五大因素进行控制。

（一）人的因素

人指的是直接参与工程建设的决策者、组织者、管理者和作业者。人的因素影响主要是指上述人员个人素质、理论与技术水平、心理生理状况等对工程质量造成的影响。在工程质量管理中，对人的控制具体来说，应加强思想政治教育、劳动纪律教育、职业道德教育，以增强人的责任感，建立正确的质量观；加强专业技术知识培训，提高人的理论与技术水平。同时，通过改善劳动条件，遵循因材适用、扬长避短的用人原则，建立公平合理的激励机制等措施，充分调动人的积极性。通过不断提高参与人员的素质和能力，避免人的行为失误，发挥人的主导作用，保证工程项目质量。

（二）材料的因素

材料包括原材料、半成品、成品、构配件等。各类材料是工程施工的物质条件，材料质量是工程质量的基础。因此，加强对材料质量的控制，是保证工程项目质量的重要基础。

对工程材料的质量控制，主要应从以下几方面着手：采购环节，择优选择供货厂家，保证材料来源可靠；进场环节，做好材料进场检验工作，控制各种材料进场验收程序及质量文件资料的齐全程度，确保进场材料质量合格；材料进场后，加强仓库保管工作，合理组织材料使用，健全现场材料管理制度；材料使用前，对水泥等有使用期限的材料再次进行检验，防止使用不合格材料。材料质量控制的内容主要有材料的质量标准、材料的性能、材料取样、材料的适用范围和施工要求等。

（三）机械设备的因素

机械设备包括工艺设备、施工机械设备和各类机具。其中，组成工程实体的工艺设备和各类机具，如各类生产设备、装置和辅助配套的电梯、泵机，以及通风空调和消防、环保设备等，是工程项目的重要组成部分，其质量的优劣直接影响工程使用功能的发挥。施工机械设备是指施工过程中使用的各类机具设备，包括运输设备、吊装设备、操作工具、测量仪器、计量器具，以及施工安全设施，是所有施工方案得以实施的重要物质基础，合理选择和正确使用施工机械设备是保证施工质量的重要措施。

应根据工程具体情况，从设备选型、购置、检查验收、安装、试车运转等方面对机械设备加以控制。应按照生产工艺，选择能充分发挥效能的设备类型，并按选定型号购置设备；设备进场时，按照设备的名称、规格、型号、数量的清单检查验收；进场后，按照相关技术要求和质量标准安装机械设备，并保证设备试车运行正常，能配套投产。

（四）方法的因素

方法指在工程项目建设整个周期内所采取的技术方案、工艺流程、组织措施、检测手段、施工组织设计等。技术工艺水平的高低直接影响工程项目质量。因此，结合工程实际情况，从资源投入、技术、设备、生产组织、管理等问题入手，对项目的技术方案进行研究，采用先进合理的技术、工艺，完善组织管理措施，从而有利于提高工程质量、加快进度、降低成本。

（五）环境的因素

环境主要包括现场自然环境、工程管理环境和劳动环境。环境因素对工程质量具有复杂多变和不确定性的影响。现场自然环境因素主要指工程地质、水文、气象条件及周边建筑、地下障碍物以及其他不可抗力等对施工质量的影响因素。这些因素不同程度地影响工程项目施工的质量控制和管理。如在寒冷地区冬期施工措施不当，会影响混凝土强度，进而影响工程质量。对此，应针对工程特点，相应地拟定季节性施工质量和安全保证措施，以免工程受到冻融、干裂、冲刷、坍塌的危害。工程管理环境因素指施工单位质量保证体系、质量管理制度和各参建施工单位之间的协调等因素。劳动环境因素主要指施工现场的排水条件，各种能源介质供应，施工照明、通风、安全防护措施，施工场地空间条件和通道，以及交通运输和道路条件等因素。

对影响质量的环境因素主要是根据工程特点和具体条件，采取有效措施，严加控制。

施工人员要尽可能全面地了解可能影响施工质量的各种环境因素，采取相应的事先控制措施，确保工程项目的施工质量。

二、设计阶段与施工方案的质量控制

设计阶段是使项目已确定的质量目标和质量水平具体化的过程，其水平直接关系到整个项目资源能否合理利用、工艺是否先进、经济是否合理、与环境是否协调等。设计成果决定着项目质量、工期、投资或成本等项目建成后的使用价值和功能。因此，设计阶段是影响工程项目质量的决定性环节。设计质量涉及面广、影响因素多。

（一）设计阶段质量控制及评定的依据

设计阶段质量控制及评定的依据如表 7–5 所示。

表 7–5　设计阶段质量控制及评定的依据

序号	设计阶段质量控制及评定的依据
1	有关工程建设质量管理方面的法律、法规
2	经国家决策部门批准的设计任务书
3	签订的设计合同
4	经批准的项目可行性研究报告、项目评估报告、项目选址报告
5	有关建设主管部门核发的建设用地规划许可证
6	建设项目技术、经济、社会协作等方面的数据资料
7	有关工程建设技术标准，各种设计规范以及有关设计参数的定额、指标等

（二）设计阶段的质量控制

在设计准备阶段，通过组织设计招标或方案竞选，择优选择设计单位，以保证设计质量。在设计方案审核阶段，保证项目设计符合设计纲要的要求，符合国家相关法律、法规、方针、政策；保证专业设计方案工艺先进、总体协调；保证总体设计方案经济合理、可靠、协调，满足决策质量目标和水平，使设计方案能够充分发挥工程项目的社会效益、经济效益和环境效益。在设计图纸审核阶段，保证施工图符合现场的实际条件，其设计深度能满足施工的要求。

（三）施工方案的质量控制

施工方案是根据具体项目拟订的项目实施方案，包括施工组织方案、技术方案、材料供应方案、安全方案等。其中，组织方案包括职能机构构成、施工区段划分、劳动组织等；技术方案包括施工工艺流程、方法、进度安排、关键技术预案等；安全方案包括安全总体要求、安全措施、重大施工步骤安全预案等。因此，施工方案设计水平不仅影响施工质量，对工程进度和费用水平也有重要影响。对施工方案的质量控制主要包括以下内容：①全面正确地分析工程特征、技术关键及环境条件等资料，明确质量目标、质量水平、验收标准、控制的重点和难点；②制订合理有效的施工组织方案和施工技术方案；③合理选用施工机械设备和施工临时设备，合理布置施工总平面图和各阶段施工平面图；④选用和设计保证质量和安全的模具、脚手架等施工设备；⑤编制工程所采用的新技术、新工艺、新材料的专项技术方案和质量管理方案；⑥根据工程具体情况，编写气象地质等环境不利因素对施工的影响及其应对措施。

三、施工项目主要投入要素的质量控制

（一）材料构配件的质量控制

原材料、半成品、成品、构配件等工程材料，构成工程项目实体，其质量直接关系到工程项目最终质量。因此，必须对工程项目建设材料进行严格控制。工程项目管理中，应从采购、进场、存放、使用几个方面把好材料的质量关。

1. 采购的质量控制

施工单位应根据施工进度计划制订合理的材料采购供应计划，并进行充分地市场场信息调查，在广泛掌握市场材料信息的基础上，优选材料供货商，建立严格的合格供应方资格审查制度。材料进场时，应提供材质证明，并根据供料计划和有关标准进行现场质量验证和记录。

2. 进场的质量控制

进场材料、构配件必须具有出厂合格证、技术说明书、产品检验报告等质量证明文件，根据供料计划和有关标准进行现场质量验证和记录。质量验证包括材料的品种、型号、规格、数量、外观检查和见证取样，进行物理、化学性能试验。对某些重要材料，还进行抽样检验或试验，如对水泥的物理力学性能的检验、对钢筋的力学性能的检验、对混凝土的强度和外加剂的检验、对沥青及沥青混合料的检验、对防水涂料的检验等。通过严把进场材料构配件质量检验关，确保所有进场材料质量处于可控状态。对需要做材质复试的材料，应规定复试内容、取样方法并应填写委托单，试验员按要求取样，送有资质的试验单位进行检验，检验合格的材料方能使用。如钢筋需要复验其屈服强度、抗拉强度、伸长率和冷弯性能，水泥需要复验其抗压强度、抗折强度、体积安定性和凝结时间，装饰装修用人造木板及胶黏剂需要复试其甲醛含量。

3. 存储和使用的质量控制

材料、构配件进场后的存放，要满足不同材料对存放条件的要求。如水泥受潮会结块，水泥的存放必须注意干燥、防潮。另外，对仓库材料要有定期的抽样检测，以保证材料质量的稳定。如水泥储存期不宜过长，以免受潮变质或降低标号。

（二）机械设备的质量控制

施工机械设备是所有施工方案和工法得以实施的重要物质基础，综合考虑施工现场条件、建筑结构形式、机械设备性能、施工工艺和方法、施工组织与管理、建筑技术经济等因素进行多方案比较，合理选择和正确使用施工机械设备保证施工质量。对施工机械设备的质量控制主要体现在机械设备的选型、主要性能参数指标的确定、机械设备使用操作要求三个方面。

1. 机械设备的选型

机械设备的选型，应本着因地制宜、因工程制宜、技术上先进、经济上合理、生产上适用、性能上可靠、使用上安全、操作上方便的原则，选配适用工程项目、能够保证工程项目质量的机械设备。

2. 主要性能参数指标的确定

主要性能参数是选择机械设备的依据，正确的机械设备性能参数指标决定正确的机械设备型号，其参数指标的确定必须满足施工的需要，保证质量的要求。

3. 机械设备使用操作要求

合理使用机械设备，正确地进行操作，是保证项目施工质量的重要环节。应当贯彻“人机固定”的原则，实行定机、定人、定岗位职责的“三定”使用管理制度，操作人员在使用中必须严格遵守操作规程和机械设备的技术规定，防止出现安全质量事故，随时以“五好”（完成任务好、技术状况好、使用好、保养好、安全好）标准予以检查控制，确保工程施工质量。

机械设备使用过程中应注意以下事项：

①操作人员必须正确穿戴个人防护用品；

②操作人员必须具有上岗资格，并且操作前要对设备进行检查，空车运转正常后，方可进行操作；

③操作人员在机械操作过程中严格遵守安全技术操作规程，避免发生机械事故损坏及安全事故；

④做好机械设备的例行保养工作，使机械设备保持良好的技术状态。

第三节　土木工程项目质量统计分析方法

数据是进行质量控制的基础，是工程项目质量监控的基本出发点。工程项目施工过程中，通过对质量数据的收集、整理、分析，可以科学有效地对施工质量进行控制。

一、质量数据的统计分析

质量数据的统计分析是在质量数据收集的基础上进行的，整理收集到的数据时，由偶然性引起的波动可以接受，而由系统性因素引起的波动则必须予以重视，通过各种措施进行控制。

（一）数据收集

数据收集应当遵守机会均等的原则，常用的数据收集方法有以下几种：

1. 简单随机抽样

这种方法是用随机数表、随机数生成器或随机数色子来进行抽样，广泛用于原材料、构配件的进货检验和分项工程、分部工程、单位工程竣工后的检验。

2. 系统抽样

系统抽样也称等距抽样或机械抽样，要求先将总体各个单位按照空间、时间或其他方式排列起来，第一次样本随机抽取，然后等间隔地依次抽取样本单位，如混凝土坍落度检验。

3. 分层抽样

分层抽样是将总体单位按其差异程度或某一特征分类、分层，然后在各类或每层中随机抽取样本单位。这种方法适用于总体量大、差异程度较大的情况。分层抽样有等比抽样和不等比抽样之分，当总数各类差别过大时，可采用不等比抽样。砂、石、水泥等散料的检验和分层码放的构配件的检验，可用分层抽样抽取样品。

4. 整体抽样

整体抽样也称二次抽样，当总体很大时，可将总体分为若干批，先从这些批中随机地抽几批，再随机地从抽中的几批中抽取所需的样品。如对大批量的砖可用此法抽样。

（二）质量数据的波动

质量数据具有个体值的波动性、样本或总体数据的规律性，即在实际质量检测中，个体产品质量特性值具有互不相同性、随机性，但样本或总体呈现出发展变化的内在规律性。随机抽样取得的数据，其质量特性值的变化在质量标准允许范围内波动称为正常波动，一般是由偶然性原因引起的；超越了质量标准允许范围的波动则称为异常波动，一般是由系统性原因引起的，应予以重视。

1. 偶然性原因

在实际生产中，影响因素的微小变化具有随机发生的特点，是不可避免、难以测量和控制的，它们大量存在但对质量的影响很小，属于允许偏差、允许位移范畴，一般不会造成废品。生产处于稳定状态，质量数据在平均值附近波动，这种微小的波动在工程上是允许的。

2. 系统性原因

当影响质量的人、材料、机械、方法、环境五类因素发生了较大变化，如原材料质量规格有显著差异等情况发生，且没有及时排除时，产品质量数据就会离散过大或与质量标准有较大偏离，表现为异常波动，次品、废品产生。这就是产生质量问题的系统性原因或异常原因。异常波动一般特征明显，容易识别和避免，特别是对质量的负面影响不可忽视，生产中应该随时监控，及时识别和处理。

（三）常用统计分析方法

工程中的质量问题大多数可用简单的统计分析方法来解决，广泛地采用统计技术能使质量管理工作的效益和效率不断提高。工程质量控制中常用的 6 种工具和方法是：直方图法、排列图法、因果分析法、控制图法、分层法与列表分析法。

二、直方图法

对产品质量波动的监控，通常用直方图法。直方图又称质量分布图、矩形图，它是根据从生产过程中收集来的质量数据分布情况，如图 7–1 所示画成以组距为底边、以频数为高度的一系列连接起来的直方型矩形图，它通过对数据加工整理、观察分析，来反映产品总体质量的分布情况，判断生产过程是否正常。同时可以用来判断和预测产品的不合格率、制定质量标准、评价施工管理水平等。

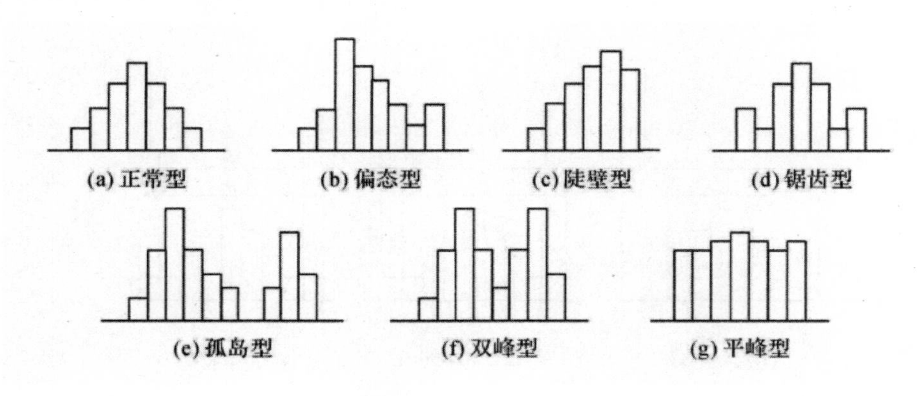

图 7–1　常见直方图

（一）直方图的分布状态分析

通过对直方图的分布状态进行分析，可以判断生产过程是否正常。质量稳定的正常生产过程的直方图呈正态分布，如图 7–1（a）所示。异常直方图的表现形式如表 7–6 所示。

表 7-6　异常直方图的表现形式

类型	含义	出现原因
偏态型	图的顶峰有时偏向左侧，有时偏向右侧	一般是技术上、习惯上的原因
陡壁型	其形态如高山的陡壁向一边倾斜	剔除不合格品或超差返修
锯齿型	直方图呈现凹凸不平的形状	一般是作图时得数分得太多、测量仪器误差过大或观测数据不准确，此时应当重新收集整理数据
孤岛型	在直方图旁边有孤立的小岛出现	施工过程出现异常会导致孤岛型直方图出现，如少量原材料不合格、不熟练的新工人替人加班等
双峰型	直方图中出现了两个峰顶	一般由于抽样检查前数据分类工作不够好，两个分布混淆在一起
平峰型	直方图没有凸出的峰顶	生产过程中某种缓慢的倾向起作用，如：工具的磨损，操作者疲劳；多个总体、多种分布混在一起；质量指标在某个区间中均匀变化

（二）直方图的同标准规格的比较分析

当直方图的形状呈现正常型时，工序处于稳定状态，此时还需要进一步将直方图同质量标准进行比较，以分析判断实际施工能力，工程中出现的形式如图 7-2 所示。

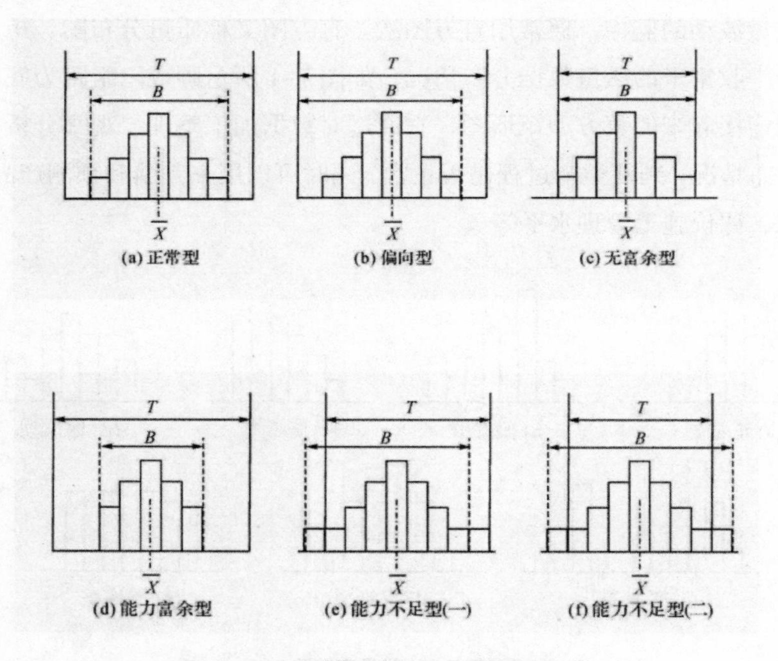

图 7-2　实际质量分布与标准质量分布比较

用 T 表示质量标准要求的界限，B 表示实际质量特性值分布范围，分析结果如表 7-7 所示。

表 7–7　同标准规格的比较分析

类型	含义	说明问题
正常型	B 在 T 中间，两边各有合理余地	可保持状态水平并加以监督
偏向型	B 虽在 T 之内，但偏向一边	稍有不慎就会出现不合格，应当采取恰当纠偏措施
无富余型	B 与 T 相重合	实际分布太宽，容易失控，造成不合格，应当采取措施减少数据分散
能力富余型	B 过分小于 T	加工过于精确，不经济，可考虑改变工艺，放宽加工精度，以降低成本
能力不足型	B 过分偏离 T 的中心，造成废品产生	需要进行调整
	B 的分布范围过大，同时超越上下界限	较多不合格品出现，说明工序不能满足技术要求，要采取措施提高施工精度

三、排列图法

工程中的质量问题往往是由少数关键影响因素引起的。在工程质量统计分析方法中，一般采用排列图法寻找影响工程质量的主次因素。排列图又叫主次因素分析图或帕累托图。排列图由两个纵坐标、一个横坐标、几个按高低顺序依次排列的直方形和一条累计百分比折线所组成。横坐标表示影响质量的各种因素，按影响程度的大小，从左至右顺序排列，左纵坐标表示对应某种质量因素造成不合格品的频数，右纵坐标表示累计频率。各直方形由大到小排列，分别表示质量影响因素的项目。由左至右累加每一影响因素的量值（以百分比表示），做出累计频率曲线，即帕累托曲线。

排列图按重要性顺序显示出了每个质量改进项目对整个质量问题的作用，在排列图分析中，累计频率在 0% ~ 80% 的因素称为 A 类因素，是主要因素，应当作为重点控制对象；累计频率在 80% ~ 90% 的因素称为 B 类因素，是次要因素，作为一般控制对象；累计频率在 90% ~ 100% 的因素称为 C 类因素，是一般因素，可不做考虑。

第四节　土木工程质量事故处理

尽管事先有各种严格的预防、控制措施，但由于种种因素，质量事故仍不可避免。事故发生后，应当按照规定程序，及时进行综合治理。事故处理应当注重事故原因的消除，达到安全可靠、不留隐患、满足生产及使用要求、施工方便、经济合理的目的，并且要加强事故的检查验收工作。本书将从质量事故的基本概念讲起，详细介绍常见质量事故的成因及质量事故发生后的处理方法与程序，并说明质量事故最后的检查与验收。

一、工程质量事故的特点与分类

（一）工程质量问题的分类

工程质量问题的分类如表 7–8 所示。

表 7–8　工程质量问题的分类

类型	含义
工程质量缺陷	建筑工程施工质量中不符合规定要求的检验项或检验点，按其程度可分为严重缺陷和一般缺陷
工程质量通病	各类影响工程结构、使用功能和外形观感的常见性质量损伤
工程质量事故	对工程结构安全、使用功能和外形观感影响较大、损失较大的质量损伤

（二）工程质量事故的特点

工程项目实施的一次性，生产组织特有的流动性、综合性，劳动的密集性及协作关系的复杂性，均导致工程质量事故具有复杂性、隐蔽性、多发性、可变性、严重性的特点，如表 7–9 所示。

表 7–9　工程质量事故的特点

性质	含义	举例
复杂性	质量问题可能由一个因素引起，也可能由多个因素综合引起，同时，同一个因素可能对多个质量问题起作用	引起混凝土开裂的可能原因有：混凝土振捣不均匀，浇筑时发生离析现象，使得成型后混凝土不致密，引起开裂；混凝土具有热胀冷缩的性质，由于外界温度变化引起的温度变形，也会导致混凝土开裂；拆模方法不当、构件超载、化学收缩等均能导致后期混凝土开裂
隐蔽性	工程项目质量问题的发生，在很多情况下是从隐蔽部位开始的，特别是工程地基方面出现的质量问题，在问题出现的初期，从建筑物外观无法准确判断和发现	冬季施工期间的质量问题一般具有滞后性，这些都使得工程质量事故具有一定的隐蔽性
多发性	有些质量问题在工程项目建设过程中很容易发生	混凝土强度不足、蜂窝、麻面，模板变形、拼缝不密实、支撑不牢固，砌筑砂浆饱满度未达标准要求、砂浆与砖黏结不良，柔性防水层裂缝、渗漏水等
可变性	工程项目出现质量问题后，质量状态处于不断发展中	在质量渐变的过程中，某些微小的质量问题也可能导致工程项目质量由稳定的量变出现不稳定的量变，引起质变，导致工程项目质量事故的发生

续表：

性质	含义	举例
严重性	对于质量事故，必然造成经济损失，甚至人员伤亡	在质量事故处理过程中，必将增加工程费用，甚至造成巨大的经济损失；同时会影响工程进度，有时甚至延误工期

（三）工程质量事故的分类

工程质量事故一般可按表 7–10 分类。

表 7–10　工程质量事故的分类

分类依据	类别	含义
按事故造成的后果	未遂事故	发现了质量问题，及时采取措施，未造成经济损失、延误工期或其他不良后果的事故
	已遂事故	出现不符合质量标准或设计要求，造成经济损失、工期延误或其他不良后果的事故
按事故责任	指导责任事故	工程实施指导或领导失误造成的质量事故，如工程负责人片面追求施工进度，放松或不按质量标准进行控制和检验等造成的质量事故
	操作责任事故	在施工过程中，实施操作者不按规程和标准实施操作而造成的质量事故
	自然灾害事故	突发的严重自然灾害等不可抗力造成的质量事故，如地震、台风、暴雨、雷电、洪水等对工程造成破坏甚至倒塌
按事故造成的损失	根据工程质量问题造成的人员伤亡或者直接经济损失，将工程质量问题分为四个等级	详见表 7–11

表 7–11　工程质量事故按事故造成的损失分级

事故等级（达到条件之一）	死亡/人	重伤/人	直接经济损失/万元
特别重大事故	≥ 30	≥ 100	≥ 10000
重大事故	10 ~ 29	50 ~ 99	5000 ~ < 10000
较大事故	3 ~ 9	10 ~ 49	1000 ~ < 5000
一般事故	≤ 2	≤ 9	100 ~ < 1000

二、工程质量事故原因分析

工程质量事故发生的原因错综复杂，而且一项质量事故常常是由多种因素引起的。工程质量事故发生后，首先对事故情况进行详细地现场调查，充分了解与掌握质量事故的现象和特征，收集资料，进行深入调查，摸清质量事故对象在整个施工过程中所处的环境及面临的各种情况，或结合专门的计算进行验证，综合分析判断，得到质量事故发生的主要原因。

（一）违反基本建设程序

违反工程项目建设过程及其客观规律，即违反基本建设程序。项目未经过可行性研究就决策定案，未经过地质调查就仓促开工，边设计边施工、不按图纸施工等现象，常是重大工程质量事故发生的重要原因。

（二）违反有关法规和工程合同的规定

如无证设计、无证施工、随意修改设计、非法转包或分包等违法行为。

（三）地质勘察失真

工程项目基础的形式主要取决于项目建设位置的地质情况。

1. 地质勘察报告不准确、不详细，会导致采用不恰当或错误的基础方案，造成地基不均匀沉降、基础失稳等问题，引发严重质量事故。

2. 未认真进行地质勘察，提供的地质资料、数据有误。

3. 地质勘察时，钻孔间距太大，不能全面反映地基的实际情况；地质勘察钻孔深度不够，没有查清地下软土层、滑坡、墓穴、孔洞等地层结构。

（四）地基处理不当

对软弱土、杂填土、湿陷性黄土、膨胀土等不均匀地基处理不当，也是重大质量问题发生的原因。

（五）设计计算失误

盲目套用其他项目设计图纸，结构方案不正确，计算简图与实际受力不符，计算荷载取值过小，内力分析有误，伸缩缝、沉降缝设置不当，悬挑结构未进行抗倾覆验算等，均是引起质量事故的隐患。

（六）建筑材料及制品不合格

钢筋物理力学性能不良会导致钢筋混凝土结构产生裂缝或脆性破坏，保温隔热材料受潮将使材料的质量密度加大，不仅影响建筑功能，甚至可能导致结构超载，影响结构安全。

（七）施工与管理问题

施工与管理上的不完善或失误是质量事故发生的常见原因。施工单位或监理单位的质量管理体系不完善，检验制度不严密，质量控制不严格，质量管理措施落实不力，不按有关的施工规范和操作规程施工，管理混乱，施工顺序错误，技术交底不清，违章作业，疏于检查验收等，均可能引起质量事故。

（八）自然条件的影响

工程项目建设一般周期较长，露天作业多，应特别注意自然条件对其的影响，如空气温度、湿度、狂风、暴雨、雷电等都可能引发质量事故。

（九）建筑结构使用不当

未经校核验收任意对建筑物加层，任意拆除承重结构部位，任意在结构物上开槽、打洞削弱承重结构截面等都可能引发质量事故。

工程质量事故必然伴随损失发生，在工程实际中，应当针对工程具体情况，采取适当的管理措施、组织措施、技术措施并严格落实，尽量降低质量事故发生的可能性。

三、工程质量事故处理方案与程序

质量事故发生后，应该根据质量事故处理的依据、质量事故处理程序，分析原因，制订相应的事故基本处理方案，并进行事故处理和后续检查验收。

（一）工程质量事故处理的依据

工程质量事故处理的依据如表 7–12 所示。

表 7–12　工程质量事故处理的依据

序号	名称	含义
1	质量事故的实况资料	包括：质量事故发生的时间、地点；质量事故状况的描述；质量事故发展变化；有关质量事故的观测记录、事故现场状态的照片或录像
2	有关合同及合同文件	工程承包合同、设计委托合同、设备与器材购销合同、监理合同及分包合同等
3	有关的技术文件和档案	主要是有关的设计文件、技术文件、档案和资料
4	相关的建设法规	包括《中华人民共和国建筑法》和与工程质量及质量事故处理有关的法规，以及勘察、设计、施工、监理等单位资质管理和从业者资格管理方面的法规，建筑市场方面的法规，建筑施工方面的法规，关于标准化管理方面的法规等

（二）工程质量事故处理程序

工程质量事故发生后，应当予以及时、合理的处理。

1. 事故发生，进行调查

质量事故发生后，应暂停有质量缺陷部位及其相关部位的施工，施工项目负责人按法定的时间和程序，及时上报事故的状况，积极组织事故调查。事故调查应力求及时、客观、全面、准确，以便为事故的分析与处理提供正确的依据。调查结果要整理撰写成事故调查报告，其主要内容包括：事故项目及各参建单位概况；事故发生经过和事故救援情况；事故造成的人员伤亡和直接经济损失；事故项目有关质量检测报告和技术分析报告；事故发生的原因和事故性质；事故责任的认定和事故责任者的处理建议；事故防范和整改措施。事故调查报告应当附具有关证据材料，事故调查组成员应当在事故调查报告上签名。

2. 原因分析

在事故情况调查的基础上，依据工程具体情况对调查所得的数据、资料进行详细深入地分析，去伪存真，找出事故发生的主要原因。

3. 制订相应的事故处理方案

在原因分析的基础上，广泛听取专家及有关方面的意见，经科学论证，合理制订事故处理方案。方案体现安全可靠、技术可行、不留隐患、经济合理、具有可操作性、满足建筑功能和使用要求的原则。

4. 事故处理

根据制订的质量事故处理方案，对质量事故进行认真处理。处理的内容主要包括事故的技术处理和责任处罚。

5. 后续检查验收

事故处理完毕，应当组织有关人员对处理结果进行严格检查、鉴定及验收，由监理工程师编写质量事故处理报告，提交建设单位，并上报有关主管部门。

（三）工程质量事故的基本处理方案

工程质量事故的处理方案一般有不做处理、修补处理、加固处理、返工处理、限制使用及报废处理 6 类。具体如表 7-13 所示。

表 7-13 工程质量事故基本处理方案

处理方案	含义
不做处理	某些工程质量问题虽然达不到规定的要求或标准，但其情况不严重，对工程或结构的使用及安全影响很小，经过分析、论证、法定检测单位鉴定和设计单位等认可后可不专门进行处理。一般可不做专门处理的情况有以下几种：不影响结构安全、生产工艺和使用要求的；后道工序可以弥补的质量缺陷；法定检测单位鉴定合格的；出现的质量缺陷，经检测鉴定达不到设计要求，但经原设计单位核算，仍能满足结构安全和使用功能的
修补处理	当工程某些部分的质量虽未达到规定的规范、标准或设计要求，存在一定的缺陷，但经过修补后可以达到要求的质量标准，又不影响使用功能或外观的要求，可采取修补处理的方法
加固处理	主要是针对危及承载力的质量缺陷的处理

续表：

处理方案	含义
返工处理	当工程质量缺陷经过修补处理后仍不能满足规定的质量标准要求，或不具备补救可能性则必须采取返工处理
限制使用	在工程质量缺陷按修补方法处理后无法保证达到规定的使用要求和安全要求，而又无法返工处理的情况下，不得已时可做出诸如结构卸荷或减荷以及限制使用的决定
报废处理	出现质量事故的工程，通过分析或实践，采取上述处理方法后仍不能满足规定的质量要求或标准，则必须予以报废处理

四、工程质量事故的检查与鉴定

工程质量事故的检查与鉴定，应严格按施工验收规范和相关质量标准的规定进行，必要时还应通过实际测量、试验和仪器检测等方法获取数据，以便准确地对事故处理的结果做出鉴定。质量事故的检查与鉴定的结论如表 7–14 所示。

表 7–14 质量事故的检查与鉴定的结论

序号	检查与鉴定的结论
1	事故已排除，可继续施工
2	隐患已消除，结构安全有保证
3	经处理，能够满足使用要求
4	基本上满足使用要求，但使用时应有附加的限制条件
5	对耐久性的结论
6	对建筑物外观影响的结论
7	对短期难以做出结论者，可提出进一步观测检验的意见

事故处理后，必须尽快提交完整的事故处理报告，其主要内容如表 7–15 所示。

表 7–15 质量事故处理报告的主要内容

序号	主要内容
1	事故调查的原始资料、测试的数据
2	事故调查报告
3	事故原因分析、论证
4	事故处理的依据
5	事故处理的方案及技术措施
6	实施质量处理中有关的数据、记录、资料
7	检查验收记录

序号	主要内容
8	事故责任人情况
9	事故处理的结论

第五节　土木工程项目质量评定与验收

所谓验收，是指建筑工程在施工单位自行质量检查评定的基础上，参与建设活动的有关单位共同对检验批、分项、分部、单位工程的质量进行抽样复验，根据相关标准以书面形式对工程质量达到合格与否做出确认。

正确进行工程项目质量的检查评定与验收，是施工质量控制的重要手段。施工质量验收包括施工过程的质量验收及工程项目竣工质量验收两个部分。同时，在各施工过程质量验收合格后，对合格产品的成品保护工作必须足够重视，严防对已合格产品造成损害。

一、工程项目质量评定

工程项目质量评定是承包商进行质量控制结果的表现，也是竣工验收组织确定质量的主要方法和手段，主要由承包商来实施，并经第三方的工程质量监督部门或竣工验收组织确认。

工程项目质量评定验收工作，应将建设项目由小及大划分为检验批、分项工程、分部工程、单位工程，逐一进行。在质量评定的基础上，再与工程合同及有关文件相对照，决定项目能否验收。

（一）检验批

检验批是工程验收的最小单位，是分项工程乃至整个建筑工程质量验收的基础。检验批是施工过程中相同并有一定数量的材料、构配件或安装项目，由于其质量基本均匀一致，因此可作为检验的基础单位，并按批验收。构成一个检验批的产品，需要具备以下两个基本条件：①生产条件基本相同，包括设备、工艺过程、原材料等；②产品的种类型号相同。

检验批的合格质量主要取决于对主控项目和一般项目的检验结果。主控项目是对检验批的基本质量起决定性影响的检验项目，因此必须全部符合有关专业工程验收规范的规定。这意味着主控项目不允许有不符合要求的检验结果，即这种项目的检查具有否决权。鉴于主控项目对基本质量的决定性影响，必须从严要求。

（二）分项工程

分项工程质量验收合格应符合下列规定：

1. 分项工程的验收在检验批的基础上进行

在一般情况下，两者具有相同或相近的性质，只是批量的大小不同而已。因此，将有关的检验批汇集构成分项工程。

2. 分项工程所含的检验批均应符合合格质量的规定

分项工程所含的检验批的质量验收记录应完整。

（三）分部工程

分部工程的验收在其所含各分项工程验收的基础上进行，分部（子分部）工程质量验收合格应符合下列规定：①分部（子分部）工程所含分项工程的质量均应验收合格；②质量控制资料应完整；③地基与基础、主体结构和设备安装等分部工程有关安全及功能的检验和抽样检测结果应符合有关规定；④观感质量验收应符合要求。

（四）单位工程

单位工程质量验收合格应符合下列规定：

①单位（子单位）工程所含分部（子分部）工程的质量均应验收合格；②质量控制资料应完整；③单位（子单位）工程所含分部（子分部）工程有关安全和功能的检测资料应完整；④主要功能项目的抽查结果应符合相关专业质量验收规范的规定；⑤观感质量验收应符合要求。

二、工程项目竣工验收

工程项目竣工验收是工程建设的最后一个程序，是全面检查工程建设是否符合设计要求和施工质量的重要环节；也是检验承包合同执行情况，促进建设项目及时投产和交付使用，发挥投资积极效果的环节；同时，通过竣工验收，总结建设经验，全面考核建设成果，为施工单位今后的建设工作积累经验。

工程项目竣工验收是施工质量控制的最后一个环节，是对施工过程质量控制结果的全面检查。未经竣工验收或竣工验收不合格的工程，不得交付使用。

（一）项目竣工验收的基本要求

建筑工程施工质量应按下列要求进行验收：

①建筑工程质量应符合相关专业验收规范的规定；②建筑工程施工应符合工程勘察、设计文件的要求；③参加工程施工质量验收的各方人员应具备规定的资格；④工程质量的

验收均应在施工单位自行检查评定的基础上进行；⑤隐蔽工程在隐蔽前应由施工单位通知有关单位进行验收，并应形成验收文件；⑥涉及结构安全的试块、试件以及有关材料，应按规定进行见证取样检测；⑦检验批的质量应按主控项目和一般项目验收；⑧对涉及结构安全和使用功能的重要分部工程应进行抽样检测；⑨承担见证取样检测及有关结构安全检测的单位应具有相应资质；⑩工程的观感质量应由验收人员通过现场检查，并应共同确认。

（二）竣工验收的程序

工程项目的竣工验收可分为验收前准备、竣工预验收和正式验收三个环节。整个验收过程由建设单位进行组织协调，涉及项目主管部门、设计单位、监理单位及施工总分包各方。在一般情况下，大中型和限额以上项目由国家发改委或其委托项目主管部门或地方政府部门组织验收委员会验收；小型和限额以下项目由主管部门组织验收委员会验收。

1. 验收前准备

施工单位全面完成合同约定的工程施工任务后，应自行组织有关人员进行质量检查评定。自检合格后，向建设单位提交工程竣工验收申请报告，要求组织工程竣工预验收。

施工单位的竣工验收准备包括工程实体和相关工程档案资料两方面。工程实体方面指土建与设备安装、室内外装修、室内外环境工程等已全部完工，不留尾项。相关工程档案资料主要包括技术档案、工程管理资料、质量评定文件、工程竣工报告、工程质量保证资料。

2. 竣工预验收

建设单位收到工程竣工验收报告后，由建设单位组织，施工（含分包单位）、设计、勘察、监理等单位参与，进行工程竣工预验收。其内容主要是对各项文件、资料认真审查，检查各项工作是否达到了验收的要求，找出工作的不足之处并进行整改。

3. 正式验收

项目主管部门收到正式竣工验收申请和竣工验收报告后进行审查，确认符合竣工验收条件和标准时，及时组织正式验收。正式验收主要包含以下内容：

①由建设单位组织竣工验收会议，建设、勘察、设计、施工、监理单位分别汇报工程合同履约情况及工程施工各环节施工满足设计要求，质量符合法律、法规和强制性标准的情况；②检查审核设计、勘察、施工、监理单位的工程档案资料及质量验收资料；③实地查验工程外观质量，对工程的使用功能进行抽查；④对工程施工质量管理各环节工作、工程实体质量及质保资料情况进行全面评价，形成经验收组人员共同确认签署的工程竣工验收意见；⑤竣工验收合格，形成附有工程施工许可证、设计文件审查意见、质量检测功能性试验资料、工程质量保修书等法规所规定的其他文件的竣工验收报告；⑥有关主管部门核发验收合格证明文件。

第八章　土木工程项目施工成本管理

第一节　土木工程项目成本管理的基础认知

工程项目成本管理是对影响工程成本的各个因素进行控制，将工程的总成本控制在计划施工成本范围内，从而减少各方利益的损失，消除施工中的浪费现象。

一、项目成本的概念、分类与特点

（一）项目成本的概念

项目成本是建筑施工企业以施工项目作为成本核算对象，在施工过程中所耗费的生产资料转移价值和劳动者必要劳动所创造价值的货币形式。项目成本包括所耗费的主、辅材料，构配件，周转材料的摊销费或租赁费，施工机械的台班费或租赁费，支付给生产工人的工资、奖金以及在施工现场进行施工组织与管理所发生的全部费用支出。

（二）项目成本的分类与特点

1. 分类

按工程项目成本费用目标，工程项目成本可分为生产成本、质量成本、工期成本和不可预见成本。生产成本是指完成某工程项目所必须消耗的费用，包括要消耗的各种材料和物资、使用的施工机械和生产设备发生的磨损、支付给生产工人的工资以及支付必要的管理费用等；质量成本是指为保证和提高建筑产品质量而发生的一切必要费用以及因未达到质量标准而蒙受的经济损失。一般情况下，质量成本可分为施工项目内部故障成本（如返工、停工、降级、复检等引起的费用）、外部故障成本（如保修、索赔等引起的费用）、质量检验费用与质量预防费用；工期成本是指为实现工期目标或合同工期而采取相应措施所发生的一切必要费用以及工期索赔等费用的总和；不可预见成本是在施工生产过程所发生的除生产成本、工期成本、质量成本之外的成本，如扰民费、资金占用费、人员伤亡等安全事故损失费、政府部门罚款等不可预见的费用，此项成本在实际工程中可能发生，也可能不发生。

2. 特点

（1）事前计划性

从工程项目投标报价开始到工程项目竣工结算前，对于工程项目的承包商而言，各阶段的成本数据都是事前的计划成本，包括投标书的预算成本、合同预算成本、设计预算成本、组织对项目经理的责任目标成本、项目经理部的施工预算及计划成本等。基于这样的认识，人们把动态控制原理应用于项目的成本控制过程，其中项目总成本的控制，总是对不同阶段的计划成本进行相互比较，以反映总成本的变动情况。只有在项目的跟踪核算过程中，才能对已完的工作任务或分部、分项工程，进行实际成本偏差的分析。

（2）投入复杂性

第一，工程项目成本的形成从投入情况看，在承包组织内部有组织层面的投入和项目层面的投入，在承包组织外部有分包商的投入，甚至业主方以甲方供材料设备的方式的投入等；第二，工程项目最终作为建筑产品的完全成本和承包商在实施工程项目期间投入的完全成本，其内涵是不一样的。作为工程项目管理责任范围的项目成本，显然要根据项目管理的具体要求来界定。

（3）核算困难大

工程项目成本核算的关键问题在于动态地对已完成的工作任务或分部、分项工程的实际成本进行正确地统计归集，以便与相同范围的计划成本进行比较分析，把握成本的执行情况，为后续的成本控制提供指导。但是，由于成本的发生或费用的支出与已完的工程任务量，在时间和范围上不一定一致，这就给实际成本的统计归集造成很大的困难，影响核算结果的数据可比性和真实性，以致失去对成本管理的指导作用。

二、项目成本管理的概念与原则

（一）项目成本管理的概念

成本管理是企业生产经营过程中各项成本核算、成本分析、成本决策和成本控制等一系列科学管理行为的总称。建设工程项目成本管理是在满足工程质量、工期、安全、环保等合同要求前提下，通过计划、组织、控制、协调等管理活动，减少各类成本资源消耗和费用支出，实现预定的工程项目成本目标，主要通过技术、经济、管理等系统化手段来实施和控制。施工企业要结合建筑行业的特点，以施工过程中直接耗费的建筑材料、机械设备和劳动力为对象，以货币为主要计量单位，对项目从开工到竣工所发生的各项收支，通过制定和实施项目成本管理的目标、原则、组织、机构、制度、职责和流程，优化资源配置，进行全面系统地管理，实现项目成本最优化。项目经理部负责项目成本的管理，实施成本控制，实现项目管理目标责任书中的成本目标。项目部的成本管理应包括成本计划、成本控制、成本核算、成本分析和成本考核。项目成本管理的特点：项目成本管理是一种事先能动的管理；项目成本管理是一个动态控制的过程；项目成本管理影响项目质量与项目进度。

（二）项目成本管理的原则

1. 开源与节流相结合原则

项目成本管理应做到节流与开源并重，通过节约可以有效控制项目成本的支出，达到提高经济效益的目的。搞好变更签证和索赔工作，开展价值工程，采取科学经济的技术手段使项目增值，可以有效增加收入，提高经济效益。

2. 全面成本控制原则

项目成本控制是一个系统工程，必须增强全员成本意识，实现全员参与；严格实行成本管理责任制度，使项目成本与每一个岗位、每一个人密切联系，使员工自觉增产节约、挖潜降耗；要以项目成本形成的过程为控制对象，随着施工准备、施工、竣工等各个阶段的进展而连续进行，使项目成本自始至终都处于有效控制之中。

3. 动态控制原则

施工项目具有一次性的特点，影响施工项目成本的因素众多，内部管理中的材料超耗、工期延误、施工方案不合理、施工组织不合理等都会影响项目成本。系统外部的通货膨胀、交通条件、设计文件变更等也会影响项目成本，必须针对成本形成的全过程实施动态控制。

4. 目标管理原则

项目部要对项目责任成本指标和成本降低率目标进行分解，根据岗位不同、管理内容不同，确定每个岗位的成本目标和所承担的责任；把总目标进行层层分解，落实到每一个人，通过每个指标的完成来保证总目标的实现。

5. 责、权、利相结合原则

为了完成成本目标，必须建立一套相应的管理制度，并授予相应的权力；相应的管理层次所对应的管理内容和管理权力必须相称，否则就会发生责、权、利的不协调，从而导致管理目标和管理结果的扭曲。

三、项目成本管理考虑的因素及过程

（一）项目成本管理须考虑的因素

建设工程项目成本管理一般应考虑如下因素：第一，建设工程项目成本管理首先要考虑完成项目活动所需资源的成本，这也是建设工程项目成本管理的主要内容。第二，建设工程项目成本管理要考虑各种决策对项目最终产品成本的影响程度，如增加对某个构件检查的次数会增加该过程的测试成本，但是这样会减少项目客户的运营成本。在决策时，要比较增加的测试成本和减少的运营成本的大小关系，如果增加的测试成本小于减少的运营成本，则应该增加对某个构件检查的次数。第三，建设工程项目成本管理还要考虑到不同项目关系人对项目成本的不同需求，项目关系人会在不同的时间以不同的方式了解项目成本的信息。例如，在项目采购过程中，项目客户可能在物料的预订、发货和收货等阶段详细或大概地了解成本信息。

（二）项目成本管理过程

1.“事前”控制

成本的“事前”控制是指工程开工前，对影响工程成本的经济活动所进行的事前规划、审核与监督，主要包括：成本预测、成本决策、成本计划、规定消耗定额，建立健全原始记录、计量手段和经济责任制，实行分级归口管理等内容。要根据施工特点、施工组织要素以及人力、材料、设备、物力消耗和各类费用开支进行综合分析，预先对影响项目成本的因素进行规划，对未来的成本水平进行推测，并对未来的成本控制行动做出选择和安排。

2.“事中”控制

成本的“事中”控制是指在项目实施过程中，按照制订的目标成本和成本计划，运用一定的方法，采取各种措施，尽可能地提高劳动生产率、降低各种消耗，使实际发生成本低于预定目标并尽可能地低。以项目目标成本预算控制各项实际成本的支出，以限额领料等手段控制材料消耗等，确保总成本目标的完成。主要包括：对各项工作按预定计划实施成本控制，对实际发生成本进行监测、收集、反馈、分析、诊断，并调整下一环节成本控制措施。

3.“事后”控制

成本的“事后”控制是指在项目成本发生之后对项目成本进行的核算、分析和考核。将工程实际成本与计划成本进行比较，计算成本差异，确定成本节约（或浪费）数额，针对存在的问题采取有效措施，改进成本控制工作，主要包括成本核算、成本分析。其不改变已经形成的项目成本，但对成本的事前、事中控制起到促进作用，对企业总结成本管理的经验教训、建立企业定额、指导以后同类项目的成本控制，具有积极、深远的意义。

（三）施工成本管理的主要程序

1.施工成本预测

施工成本预测就是根据成本信息和施工项目的具体情况，运用一定的专门方法，对未来的成本水平及其可能发展的趋势做出科学的估计，是在工程施工以前对成本进行的估算。通过成本预测，可以在满足项目业主和本企业要求的前提下，选择成本低、效益好的最佳成本方案，并能够在施工项目成本形成过程中，针对薄弱环节，加强成本控制，克服盲目性，提高预见性。因此，施工成本预测是施工项目成本决策与计划的依据。施工成本预测，通常是对施工项目计划工期内影响其成本变化的各个因素进行分析，比照近期已完工施工项目或将完工施工项目的成本（单位成本），预测这些因素对工程成本中有关成本项目的影响程度，预测出工程的单位成本或总成本。

2. 施工成本计划

施工成本计划是指以货币形式编制施工项目在计划期内的生产费用、成本水平、成本降低率以及为降低成本所采取的主要措施和规划的书面方案，是建立施工项目成本管理责任制、开展成本控制和核算的基础，是该项目降低成本的指导文件，是设立目标成本的依据。可以说，成本计划是目标成本的一种形式。

3. 施工成本控制

施工成本控制是指在施工过程中，对影响施工成本的各种因素加强管理，并采取各种有效措施，将施工中实际发生的各种消耗和支出严格控制在成本计划范围内，随时揭示并及时反馈，严格审查各项费用是否符合标准，计算实际成本与计划成本之间的差异并进行分析，进而采取多种措施，消除施工中的损失浪费现象。建设工程项目施工成本控制应贯穿于项目从投标阶段开始直至竣工验收的全过程，是企业全面成本管理的重要环节。在项目的施工过程中，须按动态控制原理对实际施工成本的发生过程进行有效控制。

4. 施工成本核算

施工成本核算是指利用会计核算体系，对项目施工过程中所发生的各种消耗进行记录、分类，并采用适当的成本计算方法计算出各个成本核算对象的总成本和单位成本的过程。它包括两个基本环节：一是按照规定的成本开支范围对施工费用进行归集和分配，计算出施工费用的实际发生额；二是根据成本核算对象，采用适当的方法，计算出该施工项目总成本和单位成本。施工成本管理需要正确及时地核算施工过程中发生的各项费用，计算施工项目的实际成本。施工项目成本核算所提供的各种成本信息，是成本预测、成本计划、成本控制、成本分析和成本考核等各个环节的依据。

5. 施工成本分析

施工成本分析是指在施工成本核算的基础上，对成本的形成过程和影响成本升降的因素进行分析，以寻求进一步降低成本的途径，包括有利偏差的挖掘和不利偏差的纠正。施工成本分析贯穿于施工成本管理的全过程，其是在成本的形成过程中，主要利用施工项目的成本核算资料（成本信息），与目标成本、预算成本以及类似的施工项目的实际成本等进行比较，了解成本变动情况，同时也要分析主要技术经济指标对成本的影响，系统地研究成本变动的因素，检查成本计划的合理性，并通过成本分析，深入揭示成本变动的规律，寻找降低施工项目成本的途径，以便有效地进行成本控制。成本偏差的控制，分析是关键，纠偏是核心，要针对分析得出的偏差发生原因，采取切实措施，加以纠正。

6. 施工成本考核

施工成本考核是指在施工项目完成后，对施工项目成本形成中的各责任者，按施工项目成本目标责任制的有关规定，将成本的实际指标与计划、定额、预算进行对比和考核，评定施工项目成本计划的完成情况和各责任者的业绩，并以此给予相应的奖励和处罚。通过成本考核，做到有奖有惩、赏罚分明，才能有效地调动每一位员工在各自施工岗位上努力完成目标成本的积极性，为降低施工项目成本和增加企业的积累做出自己的贡献。

第二节　土木工程施工成本计划

施工成本计划是施工成本控制所参照的标准，计划编制的合理性与科学性直接影响着项目总体成本的高低，并且每一次成本计划的编制都在为以后工程成本计划的编制提供依据。

一、施工成本计划的过程与作用

（一）施工成本计划的过程

业主一般通过招标投标选择承包商，承包商根据招标文件和对施工环境的调查和了解编制投标报价。由于承包商的管理水平和技术水平的差异，以及招投标市场手段的调节、承包商的投标策略的不同，各承包商的报价一般有比较明显的差别。业主往往选择报价较低的承包商，并签订工程承包合同。

目前我国是按照建筑工程预算定额及费用定额计算的，其施工方案、工期、质量要求、临时设施等都在定额中做了基本假定。由于预算定额都是一个统一的标准，所以预算价格差别不大。业主同样采用招标投标方法选择材料、设备供应商，并签订供货合同，合同签订后，承包商及供应商的报价就成为合同价，这就形成了工程项目施工阶段的计划成本。事实上，业主是按施工项目的时间进度来分步支付合同价款的，同时不同的项目实施进度，其成本计划不同，所以成本计划必然与项目进度计划相关。承包商或供应商的合同价就成为其各自的成本责任，他们将依此来控制其内部成本，并分解落实形成其内部的计划成本。

对业主而言，不要因为目前“买方市场”的因素，盲目压低承包商的报价。实际上成本与质量、进度是相对应的，如果承包商由于报价过低失去盈利或保本的可能性，他同样可能失去质量与进度控制的积极性，甚至可能中途退场，这都将对业主的工程项目的其他目标造成不良影响，严重损害业主的项目战略。

目前承包商报价的编制方法，在我国一般采用建筑工程预算定额单价法或实物法编制，而国际工程中承包商首先对建筑资料市场进行咨询和预测，计算各种主要材料的单价、设备单价、人工单价、成品和半成品单价等，然后计算工程量清单中各个项目的单价，并按实计算工程管理费用，再分摊到工程量清单中各个项目中，最后形成综合单价，具体方法有定额估价法、作业估价法和匡算法。

（二）施工成本计划的作用

第一，是对生产耗费进行控制、分析和考核的重要依据。成本计划反映了核算单位降低产品成本的目标。成本计划可作为对生产耗费进行事前预计、事中检查控制和事后考核评价的重要依据。施工成本计划一旦确定，就应分解落实到各部门、班组，并经常将实际生产耗费与成本计划指标进行对比，找出执行过程中存在的问题，及时采取措施，改进和完善成本管理工作。

第二，是编制核算单位其他有关生产经营计划的基础。成本计划与其他有关生产经营计划有着密切的联系，它们之间既相互独立，又相互依存和相互制约。编制项目资金计划需要成本计划的资料，而编制成本计划也需要依据施工方案、物资计划等。因此，正确编制施工成本计划是综合平衡项目的生产经营的重要保证。

第三，是国家编制国民经济计划的一项重要依据。成本计划是国民经济计划的重要组成部分。建筑施工企业根据国家下达的降低成本指标编制的成本计划，经过逐级汇总，为编制各部门和地区的生产成本计划提供依据，国家计划部门还可以据以进行国民经济综合平衡和有计划地管理项目成本，有计划地确定国民收入和纯收入，确定积累及其增长速度，正确安排积累和消费的比例，使国民经济有计划按比例地发展。

第四，可以动员全体职工深入开展增产节约、降低产品成本的活动。为了保证成本计划的实现，企业必须加强成本管理责任制，把成本计划的各项指标进行分解，落实到各部门、班组乃至个人，做到责、权、利相结合，实行检查评比和奖励惩罚，使开展增产节约、降低产品成本、执行和完成各项成本计划指标成为全部职工共同奋斗的目标。

二、施工成本计划的编制

（一）编制原则

第一，合法性原则。施工成本计划必须严格遵守国家有关法律法规及财务制度的规定，严格遵守成本开支范围和各项费用开支标准，不得违反财务制度的规定，随意扩大（或缩小）成本开支的范围。第二，从实际情况出发的原则。施工成本计划必须从企业的实际情况出发，充分挖掘内部潜力，使降低成本指标既积极可靠又切实可行。成本计划应与实际成本、前期成本保持可比性。第三，与其他计划相结合的原则。施工成本计划必须与施工方案、进度计划、财务计划、材料供应及耗费计划等各项计划密切结合，保持平衡。第四，先进可行性原则。施工成本计划必须以各种先进的技术经济定额为依据，针对项目的具体特点，采取切实可行的技术组织措施，使成本计划既保持先进性又现实可行，防止计划指标过高（或过低）而使之失去应有的作用。第五，统一领导、分级管理原则。施工成本计划的制订和执行应在项目经理的领导下，以财务管理、计划管理部门为中心，实行统一领导、分级管理，充分发挥员工的主观能动性，寻求降低成本的最佳途径。第六，弹性原则。施工成本计划应充分考虑项目内外部技术经济状况和条件，尤其是材料的市场价格变化情况，具有一定的弹性、保持一定的应变能力。

（二）编制的内容

1. 施工项目降低直接成本计划

第一，总则。包括对施工项目的概述、项目管理机构及层次介绍、工程的进度计划、外部环境特点等。第二，目标及核算原则。包括施工项目降低成本计划及计划利润总额、投资和外汇总节约额、主要材料和能源节约额、货款和流动资金节约额等。核算原则是指参与项目的各单位在成本、利润结算中采用何种核算方式，如承包方式、费用分配方式、会计核算原则、结算款所用币种等。第三，降低成本计划总表或总控制方案。第四，对施工项目成本计划中计划支出数估算过程的说明。要对人工、材料、机械费、运费等主要支出项目加以分解，以材料费为例，应说明钢材、木材、水泥、砂石、加工订货制品等主要材料和加工预制品的计划用量、价格，模板摊销列入成本的幅度，脚手架等租赁用品计划付款额，材料采购发生的成本差异是否列入成本等，以便在实际施工中加以控制与考核。第五，计划降低成本的来源分析。应反映项目管理过程计划采取的增产节约、增收节支和各项措施及预期效果。以施工部分为例，应反映技术组织措施的主要项目及预期经济效果，可依据技术、劳资、机械、材料、能源、运输等各部门提出的节约措施，加以整理、计算。

2. 施工项目降低间接成本计划

间接成本计划主要反映施工现场管理费用的计划数、预算收入数及降低额。间接成本计划应根据工程项目的核算期，以项目总收入费的管理费为基础，制订各部门费用的收支计划，汇总后作为工程项目的管理费用的计划。在间接成本计划中，收入应与取费口径一致，支出应与会计核算中管理费用的二级科目一致。间接成本的计划的收支总额，应与项目成本计划中管理费一栏的数额相符。各部门应按照节约开支、压缩费用的原则，制定“管理费用归口包干指标落实办法”，以保证该计划的实施。

（三）编制依据、程序和方法

1. 编制依据

国家和上级部门有关编制成本计划的规定；项目经理部与企业签订的承包合同及企业下达的成本降低额、降低率和其他有关技术经济指标；有关成本预测、决策的资料；施工项目的施工图预算、施工预算；施工组织设计资料；施工项目使用的机械设备生产能力及其利用情况；施工项目的材料消耗、物资供应、劳动工资及劳动生产率等计划资料；计划期内的物资消耗定额、劳动工时定额、费用定额等资料；以往同类项目成本计划的实际执行情况及有关技术经济指标完成情况的分析资料；同行业同类项目的成本、定额、技术经济指标资料及增产节约的经验和有效措施；企业的历史先进水平和当时的先进经验及采取的措施；国外同类项目的先进成本水平情况等资料。

2. 编制程序

大中型项目一般采用分级编制的方式，即先由各部门提出部门计划，再由项目经理部汇总编制全项目工程的成本计划；小型项目一般采用集中编制方式，即由项目经理部先编制各部门成本计划，再汇总编制全项目的成本计划。

3. 编制方法

（1）施工图预算与施工预算对比法

对于施工图预算与施工预算编制经验比较丰富的施工企业，工程项目的成本计划可通过施工图预算与施工预算对比产生。施工图预算是以施工图为依据，按照预算定额和规定的取费标准以及图纸工程量计算出项目成本，反映为完成施工项目建筑安装任务所需的直接成本和间接成本；施工预算是施工单位根据施工图纸、施工定额、施工及验收规范、标准图集、施工组织设计编制的单位工程（或分部分项工程）施工所需的人工、材料和施工机械台班数量，是施工企业内部文件。

一般以施工图预算与施工预算两算对比差额与技术组织措施带来的节约来估算计划成本的降低额，按公式（8–1）计算

计划成本降低额 = 两算对比差额 + 技术组织措施计划节约额来计算　　（式 8–1）

在这种两算对比法的基础上，一些施工单位做了一些改进，步骤如下：根据已有的投标、预算资料，确定中标合同价与施工图预算的总价格差，或确定施工图预算与施工预算的总价格差；根据技术组织措施计划确定技术组织措施带来的项目节约额；对施工预算未能包含的项目，包括施工有关项目和管理费用项目，参照定额加以估算；对实际成本可能明显超出或低于定额的主要子项，按实际支出水平估算出实际与定额水平之差；充分考虑不可预见因素、工期制约因素以及风险因素、市场价格波动因素，加以试算调整，得出综合影响系数；综合计算整个项目的计划成本降低额。

（2）计划成本法

计划成本法分为按实计算法和成本习性法两种。

①按实计算法。按实计算法是指项目经理部有关职能部门以该项目施工图预算的工料分析资料作为控制计划成本的依据。根据项目经理部执行施工定额的实际水平和要求，由各职能部门归口计算各项计划成本。主要按以下公式进行计算

人工费计划成本 = 计划用工量 × 实际水平的工资　　（式 8–2）

材料费计划成本 = $\sum$（主要材料计划用量 × 实际价格）+ $\sum$（装饰材料计划用量 × 实际价格）+ $\sum$（周转材料使用量 × 使用期 × 租赁价格）+ $\sum$（构配件计划用量 ×

实际价格）+ 工程用水的水费 （式 8–3）

机械使用计划成本 = $\sum$（施工机械计划台班数 × 台班单价） （式 8–4）

②成本习性法。成本习性法是指固定成本和变动成本在编制成本计划中的应用，主要按照成本习性将成本分为固定成本和变动成本两类，以此计算计划成本。

材料费与产量有直接关系，属于变动成本；人工费在计时工资形式下，工资属于固定成本，在计件超额工资形式下，工资属于变动成本；机械使用费，其中有些费用随产量增减而变动，如燃料费、动力费等，属变动成本。有些费用不随产量变动，如机械折旧费、大修理费，机修工、操作工的工资等，属于固定成本。此外，机械的场外运输费和机械组装拆卸、替换配件、润滑擦拭等经常修理费，不随产量增减成正比例变动，而是当产量增长时，所分摊的费用就少些，在产量下降时，所分摊的费用就大一些。因此，这部分费用介于固定成本和变动成本之间，可按一定比例划为固定成本和变动成本；其他直接费，如水、电等费用以及现场发生的材料二次搬运费，多数与产量有关，属于变动成本；施工管理费，其中大部分与产量的增减没有直接联系，如工作人员工资、生产工人辅助工资、工资附加费、办公费、差旅交通费、固定资产使用费、职工教育经费、上级管理费等，属于固定成本。检验试验费、外单位管理费等与产量增减有直接联系，则属于变动成本范围。技术安全措施费、保健费，大部分与产量有关，属于变动成本。工具用具使用费中，行政使用的家具费属于固定成本，工人领用工具，随着管理制度不同而不同，有些企业对机修工、电工、钢筋、车工、钳工、刨工的工具按定额配备，规定使用年限，定期以旧换新，属于固定成本，而对民工、木工、抹灰工、油漆工的工具采取定额人工数、定价包干，则又属于变动成本。

在成本按习性划分为固定成本和变动成本后，可用下列公式计算

施工项目计划成本 = 施工项目变动成本总额 + 施工项目固定成本总额 （式 8–5）

三、降低工程项目成本的途径

（一）确定先进、经济合理的施工方案

施工方案主要包括四项内容：施工方法的确定、施工机具的选择、施工顺序的安排、施工的组织。工程项目施工方案不同，工期就不同，所需的施工机械也随之变化，最后导致发生的成本不同。所以，一个工程项目应根据其规模、性质、复杂程度、工艺条件和现场条件、装备情况、人员素质等具体情况，选择先进、经济合理又能保证工程质量和合同工期要求的施工方案，采用先进的施工方法，合理安排工艺流程和布置施工现场，保持施工的均衡性、连续性，为降低工程成本、实现成本管理目标打下基础。

（二）加强劳动工资管理，提高劳动生产率

在项目施工中，成本的高低很大程度上取决于劳动生产率的高低，而劳动生产率的高低又取决于劳动组织、技术装备和劳动者的素质。因此，应全面提高技术装备、劳动者的操作熟练程度和科学文化水平，改善劳动组织，加强劳动工资管理，严格执行劳动定额，加强落实经济责任制，充分调动劳动积极性，挖掘潜力，达到降低成本的目的。

（三）加强材料管理，降低材料费支出

一般建筑工程的材料费占整个工程造价的60% ~ 70%。降低材料费，不仅应从节约材料使用出发，还应该在材料的采购、运输、收发、保管及回收等各个环节，综合考虑降低成本费支出的措施。在保证施工需要的前提下，合理组织采购，力求不形成积压；合理堆置现场材料，组织分批进场，减少二次搬运；严格材料进场验收和限额领料制度；制定并贯彻节约材料的技术措施，开展材料的代用、修旧利废和废料回收，综合利用一切资源。同时，可将材料消耗的定额指标进行层层落实，直至施工工序，并制定相应的材料消耗节超奖惩制度。

（四）提高机械设备的使用率

合理进行机械施工的组织，提高施工生产效率，对降低工程成本有直接影响。施工中首先应结合施工方案的制订，选择最合适施工特点的机械设备，包括性能、数量、台班成本等方面；其次应做好配合机械施工的组织工作，同时，提高机械操作人员的技术水平，保证机械设备发挥最大效能；最后，应统筹考虑机械使用费，提高机械设备的完好率，使之始终处于最佳工作状态。不可片面强调节约成本，而忽视维修管理工作。

（五）节约间接成本

间接成本的降低主要从现场管理费用的节约入手，现场管理费无定额可循，一般是根据不同工程类别，按一定费率测算，在施工过程中应严格控制，不得超过计划数。特别是现场管理人员的数量配备，应按照“精简、高效率”的原则组建项目管理班子，减少管理层次，提高工作质量和效率，做好办公费、差旅交通费、工具用具使用费计划，并按计划执行，同时实行责任制和奖惩制度。

第三节 土木工程施工成本控制

施工成本控制是工程项目管理过程中的重要一环，其根据施工合同、进度计划、施工组织设计等各种施工文件，对工程项目的成本进行调整。施工企业应从施工组织及施工成本构成因素入手，制定施工成本控制的策略。

一、施工成本控制依据与内容

（一）施工成本控制依据

探讨工程项目的施工成本控制和分析的依据一般要从工程施工合同、施工组织设计、进度报告以及工程变更这四个主要的方面入手。

1. 工程施工合同

工程施工合同是甲乙双方在工程建设过程中明确签署的双方的权利和义务。而建筑项目的施工成本控制要以工程施工合同为蓝本，在满足甲方单位要求的前提下，对于合同中所涉及的工程施工工期、造价、质量以及安全文明施工等各方面进行有效管控，使得施工过程中成本的管理有章可循、有的放矢，并不是一味地追求降低成本，而是在甲乙双方签订的合同范围内，合情合理地根据合同条款对于现场人员、材料、机械设备等各方面的相关费用支出进行有效控制。

2. 工程施工组织设计

施工组织设计是建筑项目在施工过程中根据自身项目的特点，结合施工过程中的具体情况，按照规范、合同以及甲方要求制订的有效的施工控制方案。施工组织设计作为指导施工过程中施工成本控制的依据，不仅包括施工控制中详细的成本控制目标，还包括对于工程控制目标实现的方法和规划，其是对建筑项目在施工过程中耗费的量与价两者的一项客观而翔实的指导性工作计划。

3. 工程进度报告

建设项目施工过程中的进度报告不仅包含现场工期进度，同时还包括整个项目的成本支出情况。施工成本控制是通过成本支出进度报告分析比对工程在施工过程中实际的支出和施工成本计划，从中得到两者的偏差，然后着眼于对该偏差的分析，对于其产生的原因做出细致的研究，并制定出行之有效的、针对性的整改措施，以期实现施工成本控制在成本计划的范围内。进度报告能够加强施工单位对于工程施工的过程控制，管理人员通过进度报告能够及时地发现施工成本控制方面的问题，进而采取相应的措施来进行整改，从而保障整个工程在可控范围之内，而不至于出现重大的损失。

4. 工程变更

工程变更是施工项目在施工过程中，针对实际情况出于对进度、成本以及安全文明施工等方面的考虑以及现场突发状况的出现，而做出的有关施工方案、设计、进度等方面的变更。一般而言，工程变更主要包括设计变更、进度计划变更、施工条件变更、技术规范与标准变更、工程数量变更等。变更的出现都会影响整个工程的进度以及成本等方面，从而加大了施工成本控制的难度。所以，工程项目管理人员在施工过程中要把握好工程变更方面的情况，根据现场的实际情况做出有利于工程施工的变更，实现工程施工成本的有效控制。

（二）施工成本控制的内容

1. 控制施工成本的形成过程

对施工成本的形成进行全过程、全面控制，具体的控制内容包括：在工程投标阶段，根据工程概况和招标文件，进行项目成本预测，提出投标决策意见；在施工准备阶段，结合设计图纸的自审、会审和其他资料（如地质勘探资料等），编制施工组织设计，通过多方案的技术经济比较，从中选择经济合理、先进可行的施工方案，进而编制成本计划，进行成本目标风险分析，对项目成本进行事前控制；在施工阶段，以施工图预算、施工定额和实际费用支出的主要内容进行控制；在竣工交付使用及保修期阶段，对竣工验收过程发生的费用和保护修缮费用进行控制。

2. 控制施工职能部门与班组的成本

成本控制的具体内容是日常发生的各种费用和损失。它们都发生在施工的各个部门和班组。因此，成本控制也应以部门和班组作为成本控制对象，将建筑工程总的成本责任进行分解，形成项目的成本责任系统，明确项目中每个成本中心应承担的责任，并据此进行控制和考核。

3. 控制分部分项工程的成本

为了把成本控制工作做得扎实、细致，落到实处，应以分部分项工程作为成本控制的对象。根据分部分项工程的实物量，参照施工预算定额，编制施工预算，分解成本计划，按分部分项工程分别计算工、料、机的数量及单价，以此作为成本控制的标准、对分部分项工程进行成本控制的依据。

4. 控制经济合同

施工项目的对外经济业务，都应通过经济合同明确双方的权利和义务。建筑工程签订各种经济合同时应将合同中涉及的数量、单价以及总金额控制在预算以内。

二、施工成本控制的组织措施

所谓成本控制的组织措施，就是控制项目成本控制的全过程阶段中，项目管理组织的设置、各人员的分工、管理职能的分工以及项目管理班子的人员情况等。既然组织措施在解决工程成本控制问题当中，有非常重要的作用，首先应具体地对施工企业如何划分组织的层次和职责进行分析。

（一）施工成本管理的层次和职责划分

1. 公司管理层次

这里所称的公司指的是直接参与经营管理的一级机构，并不一定是《公司法》所指的法人公司。公司管理层次是施工项目成本管理的最高层次，负责全公司的施工项目成本管理工作，对施工项目成本管理工作负领导和管理责任。其主要职责为：负责制定施工项目成本管理的总目标及各项目（工程）的成本管理；负责本单位成本管理体系的建立及运行情况考核、评定工作；负责对施工项目成本管理工作进行监督、考核及奖罚兑现工作；负责制定本单位有关施工项目成本管理的政策、制度、办法等。

2. 项目管理层次

项目管理层次是公司根据承接施工项目的需要，组织起来的针对该项目的一次性管理班子，也称“项目经理部”，由公司授权在现场直接管理项目施工。根据公司管理层的要求，结合本项目的实际情况和特点，确定本项目管理部成本管理的组织及人员，在公司管理层的领导和指导下，负责本项目部所承担工程的施工项目成本管理，对本项目的施工成本及成本降低率负责。其主要职责为：遵守公司管理层次制定的各项制度、办法，接受公司管理层次的监督和指导；在公司施工项目成本管理体系中，建立本项目的施工成本管理体系，并保证其正常运行；根据公司制定的施工项目成本目标制定本项目的目标成本和保证措施、实施办法；分解成本指标，落实到岗位人员身上，并监督和指导岗位成本的管理工作。

3. 岗位管理层次

岗位管理层次是指项目经理部内部的各管理岗位。它在项目经理部的领导和组织下，执行公司及项目部制定的各项成本管理制度和成本管理程序，在实际管理过程中，完成本岗位的成本责任指标，对岗位成本责任负责。其主要职责为：遵守公司及项目部制定的各项成本管理制度、办法，自觉接受公司和项目部的监督、指导；根据岗位成本目标，制定具体的落实措施和相应的成本降低措施；按施工部位或按月对岗位成本责任的完成情况及时总结并上报，发现问题要及时汇报；按时报送有关报表和资料。

（二）项目经理部岗位成本责任划分

1. 项目经理的成本责任划分

对工程成本控制全面负责，监督各部门、各系统的运行情况，使其正常运行，出现偏差时，及时进行纠正；主持制定各种管理制度及其监督机制；审批施工组织设计、进度计划、材料计划等组织成本分析，决定成本改进对策。

2. 工程技术人员的成本责任划分

根据工程实际情况，编制施工组织设计，合理选择施工方案，做好成本控制的第一步；根据施工现场的实际情况，合理规划施工现场平面布置，为文明施工、减少浪费创造条件；严格执行工程技术规范和以预防为主的方针，降低质量成本及安全成本，积极开展技术攻关，不断改进，积极推广新技术的使用，节约成本。

3. 材料人员的成本责任划分

做好材料采购工作，降低材料采购成本；根据施工进度计划，编制材料供应计划；按照定额要求，控制材料的领用、发放、回收；合理安排材料的储备，减少资金占用，提高资金利用率；和技术人员一道，做好材料的节约工作。

4. 机械管理人员的成本责任划分

与技术人员一道，合理选用机械设备；根据施工需要，合理安排施工机械，提高机械利用率，减少机械费成本；进行机械设备管理，做好机械设备的保养和维修工作，做好机械设备备用配件的管理工作。

5. 财务人员的成本责任划分

做好资金的使用计划，筹措资金，做好资金保证；与预算人员一起维护计划成本系统的正常运行，展开成本分析；协助项目经理检查、考核各部门、各单位、班组责任成本的执行情况，落实责权利相结合的有关规定；按照有关规定，监督各项开支。

三、施工成本控制方法

（一）人工费控制

人工费用主要包括施工工人的工资支出费用，在对该项费用的控制过程中，要严格“量价分离”的原则，从人工的单价以及人工用工数量两个方面进行控制。人工费单方面的控制一般而言是压缩人工费用以期实现人工费用的精简，然而，就现在市场的形势而言，想要通过控制人工单价来实现成本的精简根本行不通，所以工程项目管理人员必须从用工上进行考虑，提高工人的效率，编制合理的施工计划，杜绝窝工等现象。同时，在施工技术上也需要做出改进，引进先进的施工技术，并且经常对工人进行生产培训，使工人能够在一定的时间和人数内将施工效率提升至最大化。这是基于用工上的考虑，也可以从其他方面入手进行成本控制，例如通过市场行为，将部分工程分包给有实力且工程单价较低的劳务队伍，不仅能够有效地降低工人的人工费用，而且还能够将管理人员工资精简化，并达到双赢的效果。

（二）材料费用控制

在项目工程施工过程中，材料的费用占据了工程成本很大一部分，所以在材料成本上的合理管理和控制，能够实现材料费用的精简节约，从而实现整个施工过程中成本费用的降低，达到施工阶段成本控制的目标。材料的成本支出在控制过程中也需要遵循“量价分离”的原则，即与人工费控制相同，从材料的数量以及材料的单价两个层面着手进行控制。

首先，要按照定额来确定分部分项工程材料的使用量，对于施工现场材料的进出场、单次供给量以及材料的验收等各个环节进行严格把关，在保证材料的品质的同时要将材料的损耗量降至最低。这项工作需要施工管理人员严格控制，建立完善的材料管理机制，将各项制度落实到管理人员个人或者施工班组，以期实现材料的严格控制。同时，还可以将废旧材料进行回收再利用，并在施工过程中尽量选择耗材最省但是又能保证质量的新的建筑材料或者新的工艺方法。

其次，按照量价分离的原则，材料费用的控制可以从材料的单价上考虑，工程材料采购部门，需要对材料的整个市场行情十分细致地了解和比较，在材料的价格和厂家上多进行考察，选择单价相对较低、质量又能够满足工程需要的工程材料。

最后，有关材料的运输费用成本也是项目材料成本控制必须考虑在内的，对于材料的选购应当遵循就近原则，在保证材料质量的情况下选择最近的材料生产厂家，同时还需要施工管理人员对单次的材料用量编制详细合理的用材计划，尽量降低施工现场材料的存储。如果工程项目的材料供应方式是甲方供，施工单位不能在采购的过程中对材料单价进行控制，并且材料的价格要高于工程预算价格时，就需要通过协调反映实际情况，力求能够将材料的价格控制到低于预算价格。

（三）施工机械费的控制

项目工程在机械上的支出主要包括两个方面，一是机械台班量，二是台班的单价。对于机械台班量方面费用的控制，施工管理人员需要制订合理的施工组织计划，对于机械台班的用量尽量做到精简，同时，也需要加强对机械的管理，制订完善的机械租赁计划，提高机械的使用效率，以期以最少的机械台班用量来完成最多的工程量；而对于机械台班单价的控制则需要通过对于机械品牌以及数量进行合理选择。对于难以调配的机械，工程项目部要权衡考虑，考虑是否要对施工机械进行购买。

（四）加强对分包工程的成本控制

在我国，很多工程项目都是采用施工总承包的模式进行生产管理，这是一种很有效的管理模式，能够提升甲方对于整个项目的管理力度。很多总承包单位受制于自身的资金实力以及专业性，需要引进一些分包单位来帮助其完成整个工程，这样就能够取长补短，提升工程管理的整体实力。然而这种模式的管理涉及多方的利益关系，这就需要总承包项目管理部门将各分包的权责进行完善，加强对分包单位的管理，对于实力不强的分包队伍可以予以退场，提高管理效率，以期实现施工成本上的精简。

第四节　土木工程施工成本核算与分析

施工成本核算与分析是施工管理的最终环节，其中，施工成本核算环节可以为其他环节的实施提供依据，施工成本分析环节则是寻找影响工程施工成本因素的关键桥梁，可以为制定降低施工成本的策略提供数据支持。

一、施工成本核算的对象与原则

（一）成本核算对象的概念及构成要素

成本核算对象是以一定时期和空间范围为条件而存在的成本计算实体，简言之，就是企业为归集和分配生产费用而确定的对象。企业的任何生产经营成果是依存于一定的时空范围而产生的，确定成本核算对象，不仅要认定核算什么产品（劳务）的成本，还要认定是在什么地点、什么时期生产（提供）出来的产品（劳务）。因而，确定成本核算对象一定要有“时空观念”。通常，成本核算对象由三个要素构成：成本核算实体、成本核算期、成本核算空间。

（二）成本核算对象的确定

成本核算对象是指在计算工程成本时，确定归集和分配生产费用的具体对象，即生产费用承担的客体。合理地划分施工项目成本核算对象，是正确组织工程项目成本核算的前提条件。

施工项目成本核算对象一般应根据工程承包合同内容、施工生产的特点、生产费用的发生情况和管理上的要求来确定。施工项目成本核算对象如果划分得过粗，把相互之间没有联系或联系不大的单项工程或单位工程合并起来，作为一个成本核算对象，就不能反映独立施工的工程成本水平，不利于考核和分析项目成本的升降情况。反之，如果将成本核算对象划分过细，则会导致成本核算工作量大幅度增加，同样难以获得准确的成本信息。

一般来说，施工企业应以每一个单位工程作为成本核算对象，这是因为施工图预算是按单位工程编制的，按单位工程确定实际成本，便于与工程的预算成本相比较，以检查工程预算的执行情况。一个施工企业要承包多个建设项目，每个施工项目的具体情况往往很不相同。有的工程规模很大、工期很长；有的是一些规模较小、工期较短的零星改建、扩建工程；有的项目，在一个工地上有若干个结构类型相同的单位工程同时施工、交叉作业，共同耗用现场堆放的大宗材料等。确定施工项目成本核算对象的原则，应以每一独立施工图预算所列的单位工程为依据，并结合施工现场条件和施工管理要求，因地制宜地确定成本核算对象。实际成本核算中，施工项目成本核算对象的确定，一般有以下几种方法。

第一，在一般情况下，应以每一独立编制施工图预算的单位工程为成本核算对象；第二，如果两个或两个以上施工单位共同承担一项单位工程施工任务的，以单位工程为成本核算对象，各自核算其自行施工的部分；第三，对于个别规模大、工期长的工程，可以结合经济责任制的需要，按一定的部位划分成本核算对象；第四，对于同一个施工项目，同一施工地点、结构类型相同、开竣工时间接近的几个单位工程，可以合并为一个成本核算对象；第五，改、扩建的零星工程，可以将开、竣工时间接近、属于同一施工项目的几个单位工程合并为一个成本核算对象；第六，土石方工程、打桩工程，可以根据实际情况和管理需要，以一个单位工程作为成本核算对象，或将同一施工地点的若干个工程量较小的单位工程合并作为一个成本核算对象。

（三）施工成本核算的原则

1. 权责发生制原则

权责发生制原则是指在收入和费用实际发生时进行确认，不必等到实际收到现金或者支付现金时才确认。凡在当期取得的收入或者当期应当负担的费用，不论款项是否已经收付，都应作为当期的收入或费用；凡是不属于当期的收入或费用，即使款项已经在当期收到或已经在当期支付，都不能作为当期的收入或费用。权责发生制主要从入账时间上确定成本确认的基础，其核心是依据权责关系的发生和影响期间来确认施工项目的成本。

2. 相关性原则

企业提供的会计信息应当与投资者等财务报告使用者的经济决策需要相关，有助于投资者等财务报告使用者对企业过去、现在或者未来的情况做出评价或者预测。相关性原则要求成本核算工作在收集、加工、处理和提供成本信息的过程中，应考虑各方面的信息需要，要能够满足各方面具有共性的信息需求。

3. 可靠性原则

可靠性原则是对成本核算工作的基本要求，它要求成本核算以实际发生的支出及证明支出发生的合法凭证为依据，按一定的标准和范围加以认定和记录，做到内容真实、数字准确、资料可靠。如果成本信息不能真实反映施工项目成本的实际情况，成本核算工作就失去了意义。根据可靠性原则，成本核算应当真实反映施工项目的工程成本，保证成本信息的真实性，成本信息应当能够经受验证，以核实其是否真实、可靠。

4. 可比性原则

可比性原则要求企业提供的会计信息应当互相可比。同一企业不同时期发生的相同或者相似的交易或者事项，应当采用一致的会计政策，不得随意变更。根据可比性原则，国家统一的会计制度应当尽量减少企业选择有关成本核算的会计政策的余地，同时，要求企业严格按照国家统一的会计制度的规定，选择有关成本核算的会计政策。

5. 重要性原则

重要性原则要求对于成本有重大影响的经济业务，应作为成本核算的重点，力求精确，而对于那些不太重要、琐碎的经济业务，可以相对从简处理。坚持重要性原则能够使施工项目的成本核算在全面的基础上保证重点，有助于加强对经济活动和经营决策有重大影响和有重要意义的关键性问题的核算，达到事半功倍，简化核算，节约人力、财力、物力和提高工作效率的目的。

6. 可理解性原则

可理解性原则要求有关施工成本核算的会计记录和会计信息必须清晰、简明，便于理解和使用。成本信息应当简明、易懂，能够简单明了地反映施工项目的成本情况，从而有助于成本信息的使用者正确理解、准确掌握工程成本。这就要求在成本核算过程中，要做到会计记录准确、清晰，填制会计凭证、登记会计账簿依据合法，账户对应关系清楚，文字摘要完整。

二、施工成本核算的程序

施工项目的成本核算程序指施工项目在具体组织工程成本核算时应遵循的一般顺序和步骤，按照核算内容的详细程度，可分为工程成本的总分类核算程序和明细分类核算程序。

（一）工程成本的总分类核算程序

1. 总分类科目的设置

为了核算工程成本的发生、汇总与分配情况，正确计算工程成本，项目经理部一般应设置以下总分类科目。

第一，“工程施工”科目属于成本类科目，它用来核算施工项目在施工过程中发生的各项成本性费用。借方登记施工过程中发生的人工费、材料费、机械使用费、其他直接费，以及期末分配计入的间接成本；贷方登记结转已完工程的实际成本。第二，“机械作业”科目属于成本类科目，它用来核算施工项目使用自有施工机械和运输机械进行机械作业所发生的各项费用。借方登记所发生的各种机械作业支出；贷方登记期末按照受益对象分配结转的机械使用费实际成本。第三，“辅助生产”科目属于成本类科目，它用来核算企业内部非独立核算的辅助生产部门为工程施工、产品生产、机械作业等生产材料和提供劳务（如设备维修、结构件的现场制作、施工机械的装卸等）所发生的各项费用。借方登记发生的以上各项费用；贷方登记期末结转完工产品或劳务的实际成本。第四，“待摊费用”科目属于资产类科目，它用来核算施工项目已经支付但应由本期和以后若干期分别负担的各项施工费用，如低值易耗品的摊销，一次支付数额较大的排污费、财产保险费、进出场费等。发生各项待摊费用时，登记本科目的借方；按受益期限分期摊销时，登记本科目的贷方。第五，“预提费用”科目属于负债类科目，它用来核算施工项目预先提取但尚未实际发生的各项施工费用，如预提收尾工程费用、预提固定资产大修理费用等。贷方登记预先提取并计入工程成本的预提费用；借方登记实际发生或执行的预提费用。

2. 总分类科目间的归集结转程序

第一，将本期发生的各项施工费用，按其用途和发生地点，归集到有关成本、费用科目的借方；第二，月末将归集在“辅助生产”科目中的辅助生产费用，根据受益对象和受益数量，按照一定方法分配转入“工程施工”“机械作业”等科目的借方；第三，月末将由本月成本负担的待摊费用和预提费用，转入其有关成本费用科目的借方；第四，月末将归集在“机械作业”科目的各项费用，根据受益对象和受益数量，按照一定方法分配计入“工程施工”科目借方；第五，工程月末或竣工结算工程价款时，结算当月已完工程或竣工工程的实际成本，从“工程施工”科目的贷方，转入“工程结算成本”科目的借方。

（二）工程成本的明细分类核算程序

1. 明细分类账的设置

按成本核算对象设置“工程成本明细账”，并按成本项目设专栏归集各成本核算对象发生的施工费用；按各管理部门设置“工程施工－间接成本明细账”，并按费用项目设专栏归集施工中发生的间接成本；按施工队、车间或部门以及成本核算对象（如产品、劳务的种类）的类别设置“辅助生产明细账”；按费用的种类或项目，设置“待摊费用明细账”“预提费用明细账”以归集与分配各项有关费用；根据自有施工机械的类别，设置“机械作业明细账”。

2. 明细分类账间的归集和结转程序

第一，根据本期施工费用的各种凭证和费用分配表分别计入“工程成本明细账（表）”“工程施工－间接成本明细账”“辅助生产明细账（表）”“待摊费用明细账（表）”“预提费用明细账（表）”和“机械作业明细账（表）”；第二，根据“辅助生产明细账（表）”，按各受益对象的受益数量分配该费用，编制“辅助生产费用分配表”，并据此登记“工程成本明细账（表）”等有关明细账；第三，根据“待摊费用明细账（表）”及“预提费用明细账（表）”，编制“待摊费用计算表”及“预提费用计算表”，并据此登记“工程成本明细账（表）”等有关明细账；第四，根据“机械作业明细账（表）”和“机械使用台账”，编制“机械使用费分配表”，按受益对象和受益数量，将本期各成本核算对象应负担的机械使用费分别计入“工程成本明细账（表）”；第五，根据“工程施工－间接成本明细账”，按各受益对象的受益数量分配该费用，编制“间接成本分配表”，并据此登记“工程成本明细账（表）”；第六，月末根据“工程成本明细账（表）”，计算出各成本核算对象的已完工程成本或竣工成本，从“工程成本明细账（表）”转出，并据此编制“工程成本表”。

三、施工成本分析

（一）施工成本分析的原则与类型

施工成本分析的原则包括：第一，定性分析与定量分析相结合的原则。定性分析在于揭示影响工程项目成本各因素的性质、内在联系及其变动趋势；定量分析在于确定成本指标变动幅度及其各因素的影响程度。定性分析是定量分析的基础，定量分析是定性分析的深化，两者相辅相成，互为补充。第二，成本分析与技术经济指标相结合的原则。技术经济指标是反映施工项目技术经济情况，与施工方案、技术、工艺等密切相关的一系列指标，如劳动力不均衡系数、成本降低率等。工程项目各项技术经济指标的完成情况，都直接或间接地影响到工程成本的高低。因此成本分析时要结合技术经济指标的变动深入剖析，从根本上查明影响成本波动的具体原因，寻求降低成本的途径。第三，成本分析与成本责任制相结合的原则。建立健全完善的工程项目成本责任制，把成本分析工作与各部门经济效果和工作质量的考核、评比和奖惩结合起来，是成本分析工作深入持久的必要保证。

一般来说，工程项目成本分析主要分为三种：一是按工程项目施工的进展，可分为分部分项工程成本分析、月（季）度成本分析、年度成本分析、竣工成本分析；二是按工程项目成本的内容，可分为人工费分析、材料费分析、机械使用费分析、措施费分析、间接费分析；三是针对特定问题和与成本有关的事项，可分为成本盈亏异常分析、工期成本分析、质量成本分析、资金成本分析、技术组织措施及节约效果分析、其他有利因素和不利因素对成本影响的分析等。此外，施工项目成本分析还可以分为单位成本分析和总成本分析两大类。单位成本分析是针对单位工程的单位成本（如单位建筑面积的成本）进行的成本分析；总成本分析是针对一定时期内施工企业项目经理部或企业完成的全部施工项目的总成本进行的成本分析。

（二）施工成本分析的主要内容

工程项目成本分析就是对工程项目成本变动因素的分析。一般来说，主要包括以下几个方面。

1. 人工费用水平的合理性

站在施工企业项目经理部的角度，工程项目施工需要的人工费包括两部分：一部分是按合同支付给劳务作业层的劳务费；另一部分是现场可能发生的一些其他人工费支出，如因实务工程量而调整的人工和人工费，定额人工以外的计日工工资，对在进度、质量、节约、文明施工等方面做出贡献的班组和个人进行奖励的费用。项目经理部应分析上述人工费用水平的合理性，既不过高也不过低，在兼顾工程项目成本的同时不影响工人的积极性。

2. 材料、能源利用效果

材料、能源是影响工程项目成本的重要因素之一。消耗量定额的高低不仅直接影响成本，而且其价格的变动也直接影响产品数量的升降，所以，施工企业应高度重视材料、能源利用的效果。

3. 机械设备的利用效果

施工企业的机械设备分为自有设备和租赁设备两种：自有设备要加强日常的保养维修工作，提高机械的完好率，避免因设备停工而造成费用增加，如延误工期被业主罚款等；租用设备如按使用台班计算机械费用的，则应做好机械进场时间、调度等工作，提高机械的使用率，避免因使用率不足或租而不用等造成机械租赁费用增加。

4. 施工质量水平的高低

对施工企业而言，提高工程项目质量水平就可以降低施工中的成本，减少未达到质量标准而发生的一切损失费用，但这也意味着为保证和提高项目质量而支出的费用就会增加。由此可见，施工质量水平的高低也是影响工程项目成本的主要因素之一。

（三）施工成本分析的方法

1. 比较法

比较法又称指标对比分析法，就是通过技术经济指标的对比，检查目标的完成情况，分析产生差异的原因，进而挖掘内部潜力的方法。这种方法具有通俗易懂、简单易行、便于掌握的特点，因而得到了广泛的应用，但在应用时必须注意各技术经济指标的可比性。比较法的应用形式通常有：将实际指标与目标指标对比，本期实际指标与上期实际指标对比，与本行业平均水平、先进水平对比。

2. 因素分析法

因素分析法又称连环置换法，这种方法可用来分析各种因素对成本的影响程度。在进行分析时，首先要假定众多因素中的一个因素发生了变化，而其他因素不变，然后逐个替换，分别比较其计算结果，以确定各个因素的变化对成本的影响程度。因素分析法的应用步骤如下。

确定分析对象，并计算出实际数与目标数的差异；确定该指标是由哪几个因素组成，并按其相互关系进行排序（排序规则是先实物量、后价值量；先绝对值、后相对值）；以目标数为基础，作为分析替代的基数；将各个因素的实际数值按照上面的排列顺序进行替换计算，并将替换后的实际数保留下来；将每次替换计算所得的结果与前一次的计算结果相比较，二者的差异即为该因素对成本的影响程度；各个因素的影响程度之和，应与分析对象的总差异相等。

第九章　BIM 体系及其在土木工程中的应用

第一节　BIM 的基础认知

一、BIM 的基本定义

BIM 是设施物理和功能特性的数字表达；BIM 是一个共享的知识资源，是一个分享有关这个设施的信息，为该设施从概念到拆除的全生命周期中的所有决策提供可靠依据的过程；在项目不同阶段，不同利益相关方通过在 BIM 中插入、提取、更新和修改信息，以支持和反映各自职责的协同工作。从这段话中可以提取的关键词如下：

1. 数字表达：BIM 技术的信息是参数化集成的产品。

2. 共享信息：工程中 BIM 参与者通过开放式的信息共享与传递进行配合。

3. 全生命周期：是从概念设计到拆除的全过程。

4. 协同工作：是不同阶段、不同参与方需要及时沟通交流、协作以取得各方利益的操作。

通俗地来说，BIM 可以理解为利用三维可视化仿真软件将建筑物的三维模型建立在计算机中，这个三维模型中包含着建筑物的各类几何信息（尺寸、标高等）与非几何信息（建筑材料、采购信息、耐火等级、日照强度、钢筋类别等），是一个建筑信息数据库。项目的各个参与方在协同平台上建立 BIM 模型，根据所需提取模型中的信息，及时交流与传递，从项目可行性规划开始，到初步设计，再到施工与后期运营维护等不同阶段均可进行有效的管理，显著提高效率，减少风险与浪费，这便是 BIM 技术在建筑全生命周期的基本应用。

二、BIM 产生和发展的背景

（一）建筑业的快速发展

随着各国经济的快速发展，城市化进程的不断加快，建筑业在推动社会经济发展中起着至关重要的作用。各类工程的规模不断扩大，形态功能越来越多样化，项目参与方日益增多使得跨领域、跨专业的参与方之间的信息交流、传递成为至关重要的因素。

（二）建筑业生产效率低

建筑业生产效率低下的主要原因有：一是在建筑整个全生命周期阶段中，从策划到设计，从设计到施工，再从施工到后期运营，整个链条的参与方之间的信息不能有效地传递，各种生产环节之间缺乏有效的协同工作，资源浪费严重；二是重复工作不断，特别是项目初期建筑、结构、机电设计之间的反复修改工作，造成生产成本上升。这也就是说目前全球土木建筑业存在两个亟待解决的问题。

（三）计算机技术的发展

自计算机和其他通信设备出现与普及后，整个社会对于信息的依赖程度逐步提高，信息量、信息的传播速度、信息的处理速度以及信息的应用程度飞速增长，信息时代已经来临。信息化、自动化与制造技术的相互渗透使得新的知识与科学技术很快就应用于生产实际中。但信息技术在建筑行业中的应用远不如它在其他行业中应用的情况那样让人满意。

三、BIM 技术的起源

基于建筑行业在长达数十年间不断涌现出的诸如碰撞冲突、屡次返工、进度质量不达标等顽固问题，造成了大量的人力、经济损失，也导致建筑业生产效率长期处于较低水平，建筑从业者们痛定思痛后也在不断发掘解决这一系列问题的有效措施。

新兴的 BIM 技术，贯穿于工程项目的设计、建造、运营和管理等生命周期阶段，是一种螺旋式的智能化的设计过程，同时 BIM 技术所需要的各类软件，可以为建筑各阶段的不同专业搭建三维协同可视化平台，为上述问题的解决提供了一条新的途径。BIM 信息模型中除了集成建筑、结构、暖通、机电等专业的详尽信息，还包含了建筑材料、场地、机械设备、人员乃至天气等诸多信息。具有可视化、协调性、模拟性、优化性以及可出图性的特点，可以对工程进行参数化建模，施工前三维技术交底，以三维模型代替传统二维图纸，并根据现场情况进行施工模拟，及时发现各类碰撞冲突以及不合理的工序问题，可以极大地减少工程损失、提高工作效率。

当建筑行业相关信息的载体从传统的二维图纸变化为三维的 BIM 信息模型时，工程中各阶段、各专业的信息就从独立的、非结构化的零散数据转换为可以重复利用、在各参与方中传递的结构化信息。三维 BIM 信息模型将各专业间独立的信息整合归一，使之结构化，在可视化的协同设计平台上，参与者们在项目的各个阶段重复利用着各类信息，效率得到了极大提高。

正逐步从二维 CAD 绘图转换为三维可视化 BIM。人们认为 CAD 技术的出现是建筑业的第一次革命，而 BIM 模型为一种包含建筑全生命周期中各阶段信息的载体，实现了建筑从二维到三维的跨越，因此 BIM 也被称为是建筑业的第二次革命，它的出现与发展必然推动着三维全生命周期设计取代传统二维设计及施工的进程，拉开建筑业信息化发展的新序幕。

第二节　BIM 软件体系

BIM 不是指软件，更多的是一种处理建筑问题的思维。软件是解决问题的工具，这些不同软件的结合可以帮助人更全面、更准确地去完成建筑的信息化，从而利用 BIM 的思维方式去解决问题。

一、工程建设过程中的 BIM 软件应用

（一）招标投标阶段的 BIM 工具软件应用

1. 算量软件

算量软件主要包括广联达、鲁班。

基于 BIM 技术的算量软件能够自动按照各地清单、定额规则，利用三维图形技术，进行工程量自动统计、扣减计算，并进行报表统计，大幅度提高了预算员的工作效率。

2. 造价软件

广联达和鲁班造价软件都非常成熟优秀，可以利用它们对以往工程造价情况进行全面分析，可以提供云造价支持，可以对既有项目进行全方面的造价分析、对比。

（二）深化设计阶段的 BIM 工具软件应用

1. 机电深化设计软件

机电深化主要包括专业深化设计与建模、管线综合、多方案比较、设备机房深化设计、预留预埋设计、综合支吊架设计、设备参数复核计算等。

2. 钢结构深化设计软件

钢结构深化设计的目的是材料优化、确保安全、构造优化、形成流水加工，大大提高加工进度。

3. 幕墙深化设计软件

幕墙深化设计主要是对建筑的幕墙进行细化补充设计及优化设计，如幕墙收口部位的设计、预埋件的设计、材料用量优化、局部的不安全及不合理做法的优化等。

4. 碰撞检查软件

碰撞检查也叫多专业协同、模型检测，是一个多专业协同检查过程，将不同专业的模型集成在同一平台中并进行专业之间的碰撞检查及协调。碰撞检查主要发生在机电的各个专业之间，机电与结构的预留预埋，机电与幕墙、机电与钢筋之间的碰撞也是碰撞检查的

重点及难点内容。

有部分软件进行了模型是否符合规范、是否符合施工要求的检测，也被称为“软碰撞”。

（三）施工阶段的BIM工具软件应用

1. 施工阶段用于技术的BIM工具软件应用

①施工场地布置软件。在工程红线内，通过合理划分施工区域，减少各项施工的相互干扰，使得场地布置紧凑合理，运输更加方便，能够满足安全防火、防盗的要求。

②模板脚手架设计软件。

③ 5D施工管理软件。支持场地、施工措施、施工机械的建模及布置；支持施工流水段及工作面的划分；支持进度与模型的关联；可以进行施工模拟；支持施工过程结果跟踪和记录。

④钢筋翻样软件。

⑤基于BIM技术的变更计量软件。

2. 施工阶段用于管理的BIM工具软件应用

① BIM平台软件。BIM平台软件是最近出现的一个概念，基于网络及数据库技术，将不同的BIM工具软件连接到一起，以满足用户对协同工作的需求。

② BIM应用软件的数据交换。

③ BIM应用软件与管理系统的集成。

第一，基于BIM技术的进度管理。为进度管理提供人、材、机消耗量的估算，为物料准备以及劳动力估算提供了充足的依据；同时可以提前查看各任务项所对应的模型，便于项目人员准确、形象地了解施工内容，便于施工交底。

第二，基于BIM技术的图纸管理。BIM应用软件图纸管理实现对多专业海量图纸的清晰管理，实现了相关人员任意时间均可获得所需的全部图纸信息的目标。

第三，基于BIM技术的变更管理。利用BIM技术软件将变更内容录入模型，首先直观地形成变更前后的模型对比，并快速生成工程量变化信息。通过模型，变更内容准确、快速地传达至各个领导和部门，实现了变更内容的快速传递，避免了内容理解的偏差。

第四，基于BIM技术的合同管理。现在基于BIM技术的合同号管理，通过将合同条款、招标文件、回标答疑及澄清、工料规范、图纸设计说明等相关内容进行拆分、归集，便于从线到面的全面查询及风险管控。

二、BIM软件的类型

习惯将BIM软件分为BIM基础软件、BIM工具软件和BIM平台软件。

1.BIM基础软件指可用于建立能为多个BIM应用软件所使用的BIM数据的软件。

2.BIM 工具软件指利用 BIM 基础软件提供的数据，开展各种工作的应用软件。

3.BIM 平台软件是指能对各类 BIM 基础软件及 BIM 工具软件产生的 BIM 数据进行有效管理，以便支持建筑全生命期 BIM 数据的共享应用的应用软件。

三、BIM 建模软件

（一）BIM 方案设计软件

BIM 方案设计软件用在设计初期，其主要功能是把业主设计任务书里面基于数字的项目要求转化成基于几何形体的建筑方案，此方案用于业主和设计师间的沟通和方案研究论证。主要的 BIM 方案设计软件有 SketchUp Pro 和 Affinity 等。

（二）BIM 核心建模软件

BIM 核心建模软件主要有 Autodesk 公司的 Revit 建筑、结构和机电系列，Bentley 建筑、结构和设备系列。

第三节　BIM 在建筑中的应用

一、BIM 模型维护

根据项目建设进度建立和维护 BIM 模型，实质是使用 BIM 平台汇总各项目团队所有的建筑工程信息，消除项目中的信息“孤岛”现象，并且将得到的信息结合三维模型进行整理和储存，以备项目全过程中项目各相关利益方随时共享。由于 BIM 的用途决定了 BIM 模型细节的精度，同时仅靠一个 BIM 工具并不能完成所有的工作，所以目前业内主要采用“分布式”BIM 模型的方法，建立符合工程项目现有条件和使用用途的 BIM 模型。这些模型根据需要可能包括设计模型、施工模型、进度模型、成本模型、制造模型、操作模型等。

二、场地分析

场地分析是研究影响建筑物定位的主要因素，是确定建筑物的空间方位和外观、建立建筑物与周围景观的联系的过程。在规划阶段，场地的地貌、植被、气候条件都是影响设计决策的重要因素，往往需要通过场地分析来对景观规划、环境现状、施工配套及建成后交通流量等各种影响因素进行评价及分析。传统的场地分析存在诸如定量分析不足、主观因素过重、无法处理大量数据信息等弊端，通过 BIM 结合地理信息系统（GIS）对场地及拟建的建筑物空间数据进行建模，通过 BIM 及 GIS 软件的强大功能迅速得出令人信服的分析结果，帮助项目在规划阶段评估场地的使用条件和特点，从而做出新建项目最理想的场地规划、交通流线组织关系、建筑布局等关键决策。

三、建筑策划

相对于根据经验确定设计内容及依据（设计任务书）的传统方法，建筑策划利用对建设目标所处社会环境及相关因素的逻辑数理分析，研究项目任务书对设计的合理导向，制定和论证建筑设计依据，科学地确定设计的内容，并寻找达到这一目标的科学方法。BIM能够帮助项目团队在建筑规划阶段通过对空间进行分析来理解复杂空间的标准和法规，从而节省时间，提供给团队更多增值活动的可能。特别是在客户讨论需求、选择以及分析最佳方案时，能借助 BIM 及相关分析数据，做出关键性的决定。BIM 在建筑策划阶段的应用成果还会帮助建筑师在建筑设计阶段随时查看初步设计是否符合业主的要求、是否满足建筑策划阶段得到的设计依据，通过 BIM 连贯的信息传递或追溯，大大减少详图设计阶段发现不合格需要修改设计的巨大浪费。

四、方案论证

在方案论证阶段，项目投资方可以使用 BIM 来评估设计方案的布局、视野、照明、安全、人体工程学、声学、纹理、色彩及规范的遵守情况。BIM 甚至可以做到建筑局部的细节推敲，迅速分析设计和施工中可能需要应对的问题。方案论证阶段还可以借助 BIM 提供方便的、低成本的不同解决方案供项目投资方进行选择，通过数据对比和模拟分析，找出不同解决方案的优缺点，帮助项目投资方迅速评估建筑投资方案的成本和时间。对设计师来说，通过 BIM 来评估所设计的空间，可以获得较高的互动效应，以便从使用者和业主处获得积极的反馈。设计的实时修改往往基于最终用户的反馈，在 BIM 平台下，项目各方关注的焦点问题比较容易得到直观的展现并迅速达成共识，相应地需要决策的时间也会比以往减少。

五、可视化设计

3Dmax、SketchUp 这些三维可视化设计软件的出现有力地弥补了业主及最终用户因缺乏对传统建筑图纸的理解能力而造成的与设计师之间的交流鸿沟。但由于这些软件设计理念和功能上的局限，这样的三维可视化展现不论用于前期方案推敲还是用于阶段性的效果图展现，与真正的设计方案之间都存在相当大的差距。BIM 的出现使得设计师不仅拥有了三维可视化的设计工具，所见即所得，更重要的是通过工具的提升，使设计师能使用三维的思考方式来完成建筑设计，同时也使业主及最终用户真正摆脱了技术壁垒的限制，随时知道自己的投资能获得什么。

六、协同设计

协同设计是一种新兴的建筑设计方式，它可以使分布在不同地理位置的不同专业的设计人员通过网络的协同展开设计工作。协同设计是在建筑业环境发生深刻变化、建筑的传统设计方式必须得到改变的背景下出现的，也是数字化建筑设计技术与快速发展的网络技术相结合的产物。现有的协同设计主要是基于 CAD 平台，并不能充分实现专业间的信息交流，这是因为 CAD 的通用文件格式仅仅是对图形的描述，无法加载附加信息，导致专业间的数据不具有关联性。BIM 的出现使协同已经不再是简单的文件参照，BIM 技术为协同设计提供底层支撑，大幅提升协同设计的技术含量。借助 BIM 的技术优势，协同的范畴也从单纯的设计阶段扩展到建筑全生命周期，需要规划、设计、施工、运营等各方的集体参与，因此具备了更广泛的意义，从而带来综合效益的大幅提升。

七、性能化分析

在 CAD 时代，无论什么样的分析软件都必须通过手工的方式输入相关数据才能开展分析计算，而操作和使用这些软件不仅需要专业技术人员经过培训才能完成，同时由于设计方案的调整，造成原本就耗时耗力的数据录入工作需要经常性重复录入或者校核，导致包括建筑能量分析在内的建筑物理性能化分析通常被安排在设计的最终阶段，成为一种象征性的工作，使建筑设计与性能化分析计算之间严重脱节。利用 BIM 技术，建筑师在设计过程中创建的虚拟建筑模型已经包含了大量的设计信息（几何信息、材料性能、构件属性等），只要将模型导入相关的性能化分析软件，就可以得到相应的分析结果，原本需要专业人士花费大量时间输入大量专业数据的过程，如今可以自动完成，这大大缩短了性能化分析的周期、提高了设计质量，同时也使设计公司能够为业主提供更专业的技能和服务。

八、工程量统计

在 CAD 时代，由于 CAD 无法存储可以让计算机自动计算工程项目构件的必要信息，所以需要依靠人工根据图纸或者 CAD 文件进行测量和统计，或者使用专门的造价计算软件根据图纸或者 CAD 文件重新进行建模后由计算机自动进行统计。前者不仅需要消耗大量的人工，而且比较容易出现手工计算带来的差错，而后者同样需要不断地根据调整后的设计方案及时更新模型，如果滞后，得到的工程量统计数据也往往失效了。而 BIM 是一个富含工程信息的数据库，可以真实地提供造价管理需要的工程量信息，借助这些信息，计算机可以快速对各种构件进行统计分析，大大减少了烦琐的人工操作和潜在错误，非常容易实现工程量信息与设计方案的完全一致。通过 BIM 获得的准确的工程量统计可以用于前期设计过程中的成本估算、在业主预算范围内不同设计方案的探索或者不同设计方案建造成本的比较，以及施工开始前的工程量预算和施工完成后的工程量决算。

九、管线综合

随着建筑物规模和使用功能复杂程度的增加，无论是设计企业还是施工企业甚至是业主，对机电管线综合的要求愈加强烈。在 CAD 时代，设计企业主要由建筑或者机电专业牵头，将所有图纸打印成硫酸图，然后各专业将图纸叠在一起进行管线综合，由于二维图纸的信息缺失以及缺失直观的交流平台，管线综合成为建筑施工前让业主最不放心的技术环节。利用 BIM 技术，通过搭建各专业的 BIM 模型，设计师能够在虚拟的三维环境下方便地发现设计中的碰撞、冲突，从而大大提高管线综合的设计能力和工作效率。这不仅能及时排除项目施工环节中可以遇到的碰撞、冲突，显著减少由此产生的变更申请单，更大大提高了施工现场的生产效率，降低了由施工协调造成的成本增长和工期延误。

十、施工进度模拟

建筑施工是一个高度动态的过程，随着建筑工程规模不断扩大、复杂程度不断提高，施工项目管理变得极为复杂。通过将 BIM 与施工进度计划相连接，将空间信息与时间信息整合在一个可视的 4D（3D+Time）模型中，可以直观、精确地反映整个建筑的施工过程。施工模拟技术可以在项目建造过程中合理制订施工计划、精确掌握施工进度，优化使用施工资源以及科学地进行场地布置，对整个工程的施工进度、资源和质量进行统一管理和控制，以缩短工期、降低成本、提高质量。此外，借助 4D 模型，施工企业在工程项目投标中将获得竞标优势，BIM 可以协助评标专家从 4D 模型中很快了解投标单位对投标项目主要施工的控制方法、施工安排是否均衡、总体计划是否基本合理等，从而对投标单位的施工经验和实力做出有效评估。

十一、施工组织模拟

施工组织是对施工活动实行科学管理的重要手段，它决定了各阶段的施工准备工作内容，协调了施工过程中各施工单位、各施工工种、各项资源之间的相互关系。施工组织设计是用来指导施工项目全过程各项活动的技术、经济和组织的综合性解决方案，是施工技术与施工项目管理有机结合的产物。通过 BIM 可以对项目的重点或难点部分进行可建性模拟，按月、日、时进行施工安装方案的分析优化。对于一些重要的施工环节或采用新施工工艺的关键部位、施工现场平面布置等施工指导措施进行模拟和分析，以提高计划的可行性；也可以利用 BIM 技术结合施工组织计划进行预演以提高复杂建筑体系的可造性。借助 BIM 对施工组织的模拟，项目管理方能够非常直观地了解整个施工安装环节的时间节点和安装工序，并清晰把握在安装过程中的难点和要点，施工方也可以进一步对原有安装方案进行优化和改善，以提高施工效率和施工方案的安全性。

十二、数字化建造

制造行业目前的生产效率极高，其中部分原因是利用数字化数据模型实现了制造方法的自动化。同样，BIM 结合数字化制造也能够提高建筑行业的生产效率。通过 BIM 模型与数字化建造系统的结合，建筑行业也可以采用类似的方法来实现建筑施工流程的自动化。建筑中的许多构件可以异地加工，然后运到建筑施工现场，装配到建筑中（例如门窗、预制混凝土结构和钢结构等构件）。通过数字化建造，可以自动完成建筑物构件的预制，这些通过工厂精密机械技术制造出来的构件不仅降低了建造误差，并且大幅度提高了构件制造的生产率，使得整个建筑建造的工期缩短并且容易掌控。BIM 模型直接用于制造环节还可以在制造商与设计人员之间形成一种自然的反馈循环，即在建筑设计流程中提前考虑尽可能多地实现数字化建造。同样，与参与竞标的制造商共享构件模型也有助于缩短招标周期，便于制造商根据设计要求的构件用量编制更为统一的投标文件。同时，标准化构件之间的协调也有助于减少现场发生的问题，降低不断上升的建造、安装成本。

十三、物料跟踪

随着建筑行业标准化、工厂化、数字化水平的提升，以及建筑使用设备复杂性的提高，越来越多的建筑及设备构件通过工厂加工并运送到施工现场进行高效组装。而这些建筑构件及设备是否能够及时运到现场、是否满足设计要求、质量是否合格，将成为整个建筑施工建造过程中影响施工计划关键路径的重要环节。在 BIM 出现以前，建筑行业往往借助较为成熟的物流行业的管理经验及技术方案（例如 RFID 无线射频识别电子标签）。通过 RFID 可以把建筑物内各个设备构件贴上标签，以实现对这些物体的跟踪管理，但 RFID 本身无法进一步获取物体更详细的信息（如生产日期、生产厂家、构件尺寸等），而 BIM 模型恰好详细记录了建筑物及构件和设备的所有信息。此外，BIM 模型作为一个建筑物的多维度数据库，并不擅长记录各种构件的状态信息，而基于 RFID 技术的物流管理信息系统对物体的过程信息都有非常好的数据库记录和管理功能，这样 BIM 与 RFID 正好互补，从而可以解决建筑行业对日益增长的物料跟踪带来的管理压力。

十四、施工现场配合

BIM 不仅集成了建筑物的完整信息，同时提供了一个三维的交流环境。与传统模式下项目各方人员在现场从图纸堆中找到有效信息后再进行交流相比，效率大大提高了。BIM 逐渐成为一个便于施工现场各方交流的沟通平台，可以让项目各方人员方便地协调项目方案，论证项目的可造性，及时排除风险隐患，减少由此产生的变更，从而缩短施工时间，降低由设计协调造成的成本增加，提高施工现场生产效率。

十五、竣工模型交付

建筑作为一个系统，当完成建造过程准备投入使用时，首先需要对建筑进行必要地测试和调整，以确保它可以按照当初的设计来运营。在项目完成后的移交环节，物业管理部门需要得到的不只是常规的设计图纸、竣工图纸，还需要能正确反映真实的设备状态、材料安装使用情况等与运营维护相关的文档和资料。BIM 能将建筑物空间信息和设备参数信息有机地整合起来，从而为业主获取完整的建筑物全局信息提供途径。通过 BIM 与施工过程记录信息的关联，甚至能够实现包括隐蔽工程资料在内的竣工信息集成，不仅为后续的物业管理带来便利，并且可以在未来进行的翻新、改造、扩建过程中为业主及项目团队提供有效的历史信息。

十六、维护计划

在建筑物使用寿命期间，建筑物结构设施（如墙、楼板、屋顶等）和设备设施（如设备、管道等）都需要不断得到维护。一个成功的维护方案将提高建筑物性能，降低能耗和修理费用，进而降低总体维护成本。BIM 模型结合运营维护管理系统可以充分发挥空间定位和数据记录的优势，合理制订维护计划，分配专人专项维护工作，以降低建筑物在使用过程中出现突发状况的概率，对一些重要设备还可以跟踪查看维护工作的历史记录，以便对设备的适用状态提前做出判断。

十七、资产管理

一套有序的资产管理系统将有效提升建筑资产或设施的管理水平，但由于建筑施工和运营的信息割裂，使得这些资产信息需要在运营初期依赖大量的人工操作来录入，而且很容易出现数据录入错误。BIM 中包含的大量建筑信息能够顺利导入资产管理系统，大大减少了系统初始化在数据准备方面的时间及人力投入。此外，传统的资产管理系统本身无法准确定位资产位置，通过 BIM 结合 RFID 的资产标签芯片还可以使资产在建筑物中的定位及相关参数信息一目了然，快速查询。

第四节　BIM 未来的发展

BIM 技术在未来的发展必须结合先进的通信技术和计算机技术才能够大大提高建筑工程行业的效率，预计将有以下几种发展趋势：

第一，移动终端的应用。随着互联网和移动智能终端的普及，人们现在可以在任何地点和任何时间来获取信息。而在建筑设计领域，将会看到很多承包商为自己的工作人员配备这些移动设备，在工作现场就可以进行设计。

第二，物联网。现在可以把监控器和传感器放置在建筑物的任何一个地方，针对建筑内的温度、空气质量、湿度进行监测，然后加上供热信息、通风信息、供水信息和其他的控制信息。这些信息通过无线传感器网络汇总之后，提供给工程师就可以对建筑的现状有一个全面的、充分的了解，从而为设计方案和施工方案提供有效的决策依据。

第三，云计算及大数据技术的应用。不管是能耗，还是结构分析，针对一些信息的处理和分析都需要利用云计算强大的计算能力。甚至，我们渲染和分析过程可以达到实时的计算，帮助设计师尽快地在不同的设计和解决方案之间进行比较。

第四，数字化现实捕捉。这种技术通过一种激光的扫描，可以对桥梁、道路、铁路等进行扫描，以获得早期的数据。未来设计师可以在一个 3D 空间中使用这种沉浸式、交互式的方式来进行工作，直观地展示产品开发的未来。

第五，协作式项目交付。BIM 是一个工作流程，是基于改变设计方式的一种技术，而且改变了整个项目执行施工的方法，它是一种设计师、承包商和业主之间合作的过程，每个人都有自己非常有价值的观点和想法。

第六，结合装配式建筑和被动式超低能耗建筑共同推进发展。

所以，如果能够通过分享 BIM 让这些人都参与其中，在这个项目的全生命周期都参与其中，那么，BIM 将能够实现它最大的价值。国内 BIM 应用处于起步阶段，绿色和环保等词语几乎成为各个行业的通用要求。特别是建筑设计行业，设计师早已不再满足于完成设计任务，而更加关注整个项目从设计到后期的执行过程是否满足高效、节能等要求，期待从更加全面的领域创造价值。

参考文献

[1] 陈建国 . 工程计量与造价管理 第 4 版 [M]. 上海 : 同济大学出版社 .2017.

[2] 胡长明 , 王士川 . 土木工程施工 第 2 版 [M]. 北京 : 科学出版社 .2017.

[3] 张健为 , 朱敏捷 , 于洪伟等 . 土木工程施工 [M]. 北京 : 机械工业出版社 .2017.

[4] 殷耀国 , 王晓明 , 韩俊强等 . 土木工程测量 第 2 版 [M]. 武汉 : 武汉大学出版社 .2017.

[5] 陈金洪 , 杜春海 , 陈华菊等 . 现代土木工程施工 [M]. 武汉 : 武汉理工大学出版社 .2017.

[6] 郑江 , 杨晓莉 .BIM 在土木工程中的应用 [M]. 北京 : 北京理工大学出版社 .2017.

[7] 李立军 , 王文婧 , 田燕娟 . 土木工程造价 [M]. 北京 : 清华大学出版社 .2018.

[8] 付宏渊 , 刘建华 , 曾铃等 . 现代土木工程 第 2 版 [M]. 北京 : 人民交通出版社股份有限公司 .2018.

[9] 童华炜 , 程从密 , 许勇等 . 现代土木工程技术 [M]. 北京 : 科学出版社 .2018.

[10] 李忠富 , 周智 . 土木工程施工 [M]. 北京 : 中国建筑工业出版社 .2018.

[11] 刘莉萍 , 刘万锋 , 杨阳等 . 土木工程施工与组织管理 [M]. 合肥 : 合肥工业大学出版社 .2019.

[12] 张亮 , 任清 , 李强 . 土木工程建设的进度控制与施工组织研究 [M]. 郑州 : 黄河水利出版社 .2019.

[13] 周合华 . 土木工程施工技术与工程项目管理研究 [M]. 北京 : 文化发展出版社 .2019.

[14] 刘秋美 , 刘秀伟 . 土木工程材料 [M]. 成都 : 西南交通大学出版社 .2019.

[15] 卜良桃 , 曾裕林 , 曾令宏 . 土木工程施工 [M]. 武汉 : 武汉理工大学出版社 .2019.

[16] 覃辉 , 马超 , 朱茂栋 . 土木工程测量 第 5 版 [M]. 上海 : 同济大学出版社 .2019.

[17] 郑建锋 . 土木建筑工程项目管理知识研究 [M]. 西安 : 西北工业大学出版社 .2020.

[18] 天琼 . 土木工程施工项目管理理论研究与实践 [M]. 成都 : 电子科技大学出版社 .2020.

[19] 苏德利 . 土木工程施工组织 [M]. 武汉 : 华中科技大学出版社 .2020.

[20] 胡成玉 , 王建平 , 施健 . 土木工程项目管理与施工技术探索 [M]. 北京 : 中国华侨出版社 .2021.

[21] 张猛 . 土木工程建设项目管理 [M]. 长春 : 吉林科学技术出版社 .2021.